纺织服装高等教育"十四五"部委级规划教材

U0163295

FUZHUANG JIEGOU SHEJI JICHUPIAN

服装结构设计
基础篇

张 莉 巴哲华 编著

东华大学出版社

·上海·

扫二维码看书中视频

内容简介

本教材主要针对高校学生为主的初学者，从服装基础制图出发，结合服装结构设计教学中的实际问题，由浅入深地介绍女装的原型、衬衫、半身裙、连衣裙等设计品类，包括女装基础经典款和部分时尚款式的纸样制作实例。本书内容详实丰富，每章节配以导学问题和练习题，有利于学生进行自学思考和实践，以建立服装造型与人体直接对应的思维方式，培养学生的创新思维和实际应用能力，从而将服装结构设计的理论知识进行灵活应用。

图书在版编目（CIP）数据

服装结构设计　基础篇 / 张莉，巴哲华编著 . —上海：
东华大学出版社，2022.9
ISBN 978 - 7 - 5669 - 2014 - 0

Ⅰ.①服… Ⅱ.①张… ②巴… Ⅲ.①服装结构—结构设计—高等学校—教材　Ⅳ.①TS941.2

中国版本图书馆 CIP 数据核字（2021）第 254018 号

责任编辑：杜亚玲
封面设计：Callen

服装结构设计　基础篇
FUZHUANG JIEGOU SHEJI JICHUPIAN

张　莉　巴哲华　编著

出　　版：东华大学出版社（上海市延安西路1882号，200051）
网　　址：http://dhupress.dhu.edu.cn
天猫旗舰店：http://dhdx.tmall.com
营销中心：021-62193056　62373056　62379558
印　　刷：苏州工业园区美柯乐制版印务有限责任公司
开　　本：787 mm×1092 mm　1/16　印张：17.25
字　　数：430千字
版　　次：2022年9月第1版
印　　次：2024年7月第2次印刷
书　　号：ISBN　978-7-5669-2014-0
定　　价：65.00元

本书有PPT，请读者电话021-62373056索要

目 录

第一章

绪论

███████████████████████

　　服装结构设计是将服装立体造型解析为平面形态的过程，也是服装造型设计的核心。服装结构设计涉及到人体体型、服装流行趋势、服装制作工艺技术等多方面因素，需要严谨的理性思考更多于灵光一现的感性创意。本章介绍服装结构设计的基础知识，从而帮助同学们对于本学科的理论体系建立初步认识。

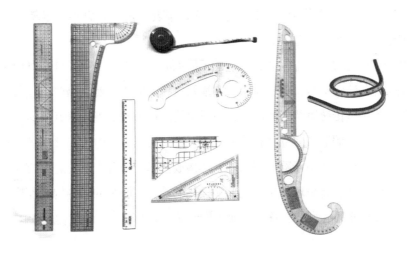

一、服装结构设计的学科课程体系

在现代服装学科的专业教育体系中，核心学科可以分为服装社会学、服装造型设计、服装流通。其中服装造型设计所涉及的内容最为广泛，服装结构设计即为服装造型设计领域的核心课程之一。目前我国高等教育服装专业教学的相关学科构成体系参见图1-1。

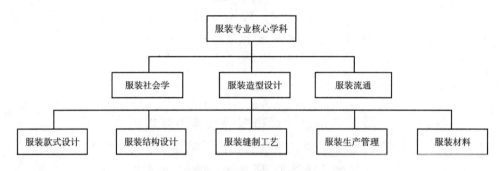

图1-1 服装专业的学科构成体系

服装的"结构"通常是指服装的整体轮廓特征、各部件的形态特征及其组合构成方式，"服装结构设计"即是研究如何将服装的三维造型解析为二维衣片结构形态的学科。服装结构设计与面料特性和缝制工艺密不可分，在服装专业教学体系中包括女装结构设计、男装结构设计、服装工业样板制作、服装CAD等多门课程的内容，并且与服装工艺、立体裁剪等课程相辅相成。

二、服装结构设计的形式

从服装造型设计的表现形式来看，服装款式设计通常表述为服装效果图和款式图，服装结构设计表述为服装结构图或服装纸样，服装工艺设计表述为服装工艺单，他们综合起来确定了服装的整体造型。

服装的结构构成形式根据款式造型的不同而有很大差异。人类社会早期大多采用面料整体缠绕包裹的造型结构，如古希腊、古埃及时期的服饰。然后是简单裁剪、缝制的平面结构服装，如中国传统服装中的深衣、马面裙等。13世纪欧洲国家开始形成较为完整的服装曲线裁剪技术，服装进入立体构成时代，并一直延续到19世纪，参见图1-2。20世纪之后的现代时装结构主要源于欧洲国家的立体构成技术，随着工业化进程的发展和全球文化的融合，服装款式流行呈现从单一化到多样化的趋势，服装的结构构成也从简单化到复杂化、从经验化到学科化发展，逐渐形成了严谨而丰富的现代服装结构设计技术体系。

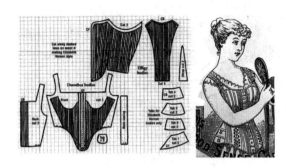

古希腊的"多利亚式希顿（Doric Chiton）"　　　　　　　18世纪后期的女性紧身衣

图1-2　服装从整体缠绕包裹到曲线裁剪的发展

三、服装结构设计的方法

1. 服装结构设计的基本方法

服装结构设计的基本方法可以分为平面结构设计和立体结构设计两大类，在此基础上也发展了平面和立体相结合运用法，如图1-3。

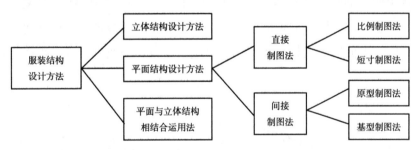

图1-3　服装结构设计的方法分类

服装的立体结构设计方法又被称为"立体裁剪"，是将布料在人体或人台上直接进行裁剪造型。立体裁剪获得的服装造型和结构直观准确，适用款式广泛，但所需要的时间和经济成本较高。

服装的平面结构设计方法通常先在纸上进行制图，然后置于布料上进行裁剪，纸上的制图更容易修改和复制，成本低廉，应用广泛，因而平面结构设计方法也经常被称为纸样设计、版型设计。在现代服装结构设计的发展中，平面结构设计和立体结构设计越来越多地被结合应用，从而提供更加高效而富于造型变化的服装结构形态。

2. 服装平面结构设计方法的主要类型

服装平面结构设计方法可以分为直接制图法和间接制图法，其中在不同的国家和地区，针对不同的设计对象，又有各自常用的不同制图习惯和方式。

直接制图法主要包括比例制图法和短寸制图法（也称注寸法），是中国传统的服装结构设计方法。服装结构设计时直接采用人体测量数据或服装部位数据的比例公式（如B/8、B/6、B/4等，B代表胸围）进行计算制图，这种方法操作简便，适用于和人体形态接近的常规服装造型，或者和人体关系不大的平面化宽松服装造型，其对于制图经验的依赖度较高，参见图1-4。

间接制图法主要包括原型制图法和基型制图法。

原型制图法起源于日本，原型是指将人体结构优化后与衣片结合的基本型样板，在原型基础上按照服装款式进行与造型相关的结构制图变化即为原型制图法，参见图1-5。原型制图法的优势在于将人体对服装结构的影响全部集中在原型上进行处理，设计者容易理解服装与人体的关系，在进行服装款式变化时更加简便直观，更适合造型变化较大的服装样式，因而成为我国服装专业教学中普遍采用的服装结构设计教学方法，也是本教材主要介绍学习的结构设计方法。

基型制图法也称为母型制图法、基础纸样变化法，制图时结合原型法和比例法，首先制成各类服装的基本样板即基型，如合体收腰女衬衫基型纸样、H型女衬衫基型纸样，是在基型上按照服装品种的不同部位造型和流行细节进行纸样变化。使用基型制图法进行服装平面结构设计时更加快捷高效，是服装企业进行成衣生产时常用的结构设计方法。

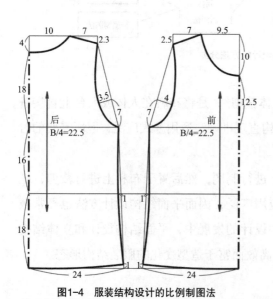

图1-4 服装结构设计的比例制图法　　　　图1-5 服装结构设计的原型制图法

四、服装纸样与服装生产方式

早在14世纪，欧洲已经开始使用纸张进行服装裁片的辅助制作工作，每个裁缝有自己的制作方法，没有统一的规范。现代意义上的服装纸样出现于19世纪初，当时的巴黎时装风靡欧洲但价格昂贵，于是一些时装店就把时髦的服装样式制成像裁片一样的纸样出售到外地，许多中产阶级妇女纷纷购买纸样自己缝制加工，由此产生了作为商品的服装纸样。现代服装的生产加工过程主要分为单件定制和批量化生产两种方式，生产加工流程各自不同，其中所使用的服装纸样按照用途也可以分为四类：

1. 家庭使用的简易纸样

服装杂志中有时附带提供服装结构图或单独纸样，也有一些设计工作室为手工爱好者提供简易服装纸样。英国的《时装世界》（*World of Dress*）早在1850年就开始刊登各种服装的裁剪图样来吸引家庭主妇，至今仍然有许多知名的时尚杂志提供和服装规格一般大小的服装纸样，如 *McCall's*、*Butterick*、*Durda Style* 和 *Simplicity.com* 等。其中的服装造型通常较为简单，并附有工艺缝制的指导说明，没有任何服装结构设计基础的普通人也可以根据纸样制作出漂亮的服装。

2. 教学中使用的服装结构图

在服装专业教材和其他资料中出现的服装结构图和服装制作中使用的纸样不完全相同，通常并没有按照实物比例而是根据印刷排版需要确定图的大小（写明图的大小比例），同时比实际服装生产所用的纸样有更加详尽的制图尺寸标注，从而方便学习者能够准确复制、扩展成为服装制作所需要的纸样。

3. 单件定制服装的纸样

单件定制的服装纸样针对个人需要而设计制作，结构设计与款式设计、缝制工艺的融合度高，服装的结构设计需要结合个人体型测量、款式调整、试衣补正等。单件服装定制时所使用的纸样类型相对简单，更多关注款式设计的变化和依据体型而进行的纸样调整。

4. 服装工业化生产样板

随着现代服装机械的进步和成衣的普及，工业化大批量服装生产中的款式设计、裁剪、缝纫、熨烫等工序逐渐分离，提高了产品的质量和生产效率，降低了生产成本。大批量成衣的结构设计主要集中在样衣设计阶段完成，但生产过程中需要更加复杂精确的服装工业样板，用于从款式设计到工艺设计的整体生产环节。现代的服装工业化生产样板包括多种尺码的系列规格样板、裁剪样板、缝制工艺样板、整烫检验样板等，它既是服装工业标准化的必要手段，更是服装设计进入批量生产阶段的标志和工艺参数化的依据，最终目的是为了高效而准确地进行服装的工业化生产。

五、服装结构设计工具

1. 绘图尺（图1-6）

服装制图通常采用厘米为单位，精确到毫米。

① 直线尺：用于绘制直线、自由弧线和测量较短的距离，长度在30cm以上。

② L型放码尺：用于绘制直角相交的线段，表面有方格用于绘制缝份，内侧弧线可以绘制衣摆等弧度不大的弧线。

③ 曲线尺：用于绘制袖窿、领口等弧度较大的弧线。

④ 比例尺：用于缩小比例的绘图，服装制图中常用到1/2、1/4、1/5的比例。

⑤ 量角器：用于肩斜度、省道等角度的测量，通常复合于其它的尺子上。

⑥ 软尺：用于测量人体或制图中的弧线长度。

⑦ 自由曲线尺：也称蛇形尺，可以自由折成各种弧线，用于测量弧线长度。

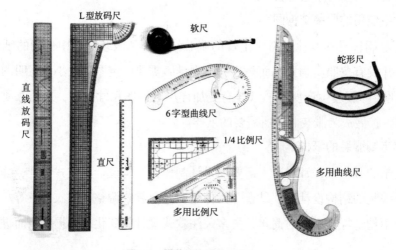

图1-6　服装结构设计工具（一）

2. 笔

① 自动铅笔：用于绘制基础线。

② 铅笔：2B，用于绘制衣片的轮廓线。

③ 可擦式彩色铅笔：用于制图标注、修改和面料标记。

3. 纸

① 制版白纸：40~50gm^2，微透，可折叠和拷贝，用于绘制服装基础纸样。

② 牛皮纸或白板纸：120~200gm^2，可折叠，不易破损变形，用途广泛。

③ 牛皮卡纸：250~400gm^2，较硬而不易变形，用于绘制服装裁剪纸样和工艺纸样。

④ 比例制图用纸：A4白色复印纸，或A4坐标纸。

4. 剪刀（图1-7）

① 裁剪剪刀：用于布料裁剪，常用剪刀规格为10、11、12号。

② 手工剪刀：用于纸样剪切。

③ 纱剪：用于缝制工艺中剪线头和拆线。

5. 其它工具（图1-7）

① 橡皮：用于清除制图错误。

② 可书写透明胶带：用于纸样粘贴与修正，低黏度。

③ 打孔器或锥子：用于纸样钻眼标记和缝制工艺。

④ 压线器：又称滚轮、点线器，用于样板拷贝。

⑤ 服装复写纸：单面或双面，不易浸色，画痕可清洗。

⑥ 画粉：用于在面料上绘制衣片。

⑦ 珠针：用于固定面料和纸样。

⑧ 针插：用于便利地存取珠针。

 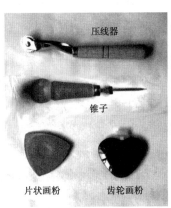 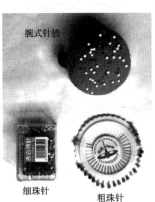

图1-7　服装结构设计工具（二）

六、服装制图符号和术语

标准化的服装制图符号和术语起源于服装的工业化生产，需要确定通用性的纸样用于指导生产、检验产品。就服装纸样本身的设计而言，采用统一规定的专用符号和术语，也可以使服装结构图规范而便于识别，避免因识别理解的差异而产生服装结构和制作误差。

中国服装行业当前通用的服装制图标准符号参见表1-1，主要依据中华人民共和国国家标准GB/T1335—1997《服装号型》，参考ISO3635《服装尺寸标识系统》标准而确定。在进行服装制图时，每一种制图符号、代号都表示某一种用途和相关的内容，确保了服装制图的统一规范，便于识别和交流。

表1-1　服装制图标准符号

编号	符号图例	名称	绘制方法和作用
1	————————	细实线	纸样制图的结构基础线、辅助线和尺寸标注线
2	·········· =======	细虚线	制图辅助线，或缝纫针迹明线位置
3	———————— – – – –	轮廓线、制成线	粗实线用于纸样完成后的外轮廓结构线和内部结构线，粗虚线表示（衣片重叠时）下层衣片的轮廓线
4	·—·—·—·—	连裁线、折叠线	粗的点画线，用于纸样外轮廓，表示衣片在此线对折相连，不裁开
5	⌒⌒⌒	等分线	表示将该线段长度按照相应数量等分
6	△□○◎●■◇◆	等量符号	使用图形表示线段长度，相同图形符号的线段长度相等
7	⌐⌐	直角符号	表示两条边呈直角相交，水平线与垂直线相交时通常不用标记
8	←————————→	经向符号	表示衣片裁剪时的经纱方向与经向符号平行
9	←————————	顺向符号	衣片裁剪时的经纱方向保持平行，箭头方向为面料顺毛或图案的正立方向
10	⌢⌢	熨烫归拢符号	表示衣片该部位归拢熨烫
11	⌃⌃	熨烫拔开符号	表示衣片该部位拔开拉伸熨烫
12	∿∿∿	缩缝、抽褶符号	表示衣片缝制时该部位缩缝或抽褶

编号	符号图例	名称	绘制方法和作用
13		褶裥符号	表示衣片缝制时面料折叠的部位，斜线较高的一方为褶裥折叠的上层方向
14		纸样剪切符号	将纸样沿图示中的线剪开
15		纸样拼合符号	将纸样的两边拼合，合成一整片
16		纸样重叠标记	纸样绘图交叉，衣片在此区间呈重叠状态
17		对位符号	衣片缝合时的对位点标记，也称为剪口符号
18		省略符号	表示纸样的某部分省略未画出
19		纽扣标记	表示钉纽扣的中心位置和纽扣大小
20		扣眼标记	表示扣眼的位置和大小

中国目前采用的服装术语主要依据中华人民共和国国家标准GB/T15557—2008《服装术语》，不同地区的服装企业里也有不同的习惯性术语，参见表1-2。

表1-2　常用的服装术语

编号	术语	英文全称	英文简称	备注
1	前中心线	Centre Front	CF	
2	后中心线	Centre Back	CB	
3	胸围	Bust	B	
4	胸围线	Bust Line	BL	
5	腰围	Waist	W	
6	腰围线	Waist Line	WL	
7	臀围	Hip	H	

编号	术语	英文全称	英文简称	备注
8	臀围线	Hip Line	HL	
9	头围	Head Size	HS	
10	颈围	Neck	N	人体测量数据
11	领围线	Neck Line	NL	衣片领口的造型线
12	袖肘线	Elbow Line	EL	
13	膝线	Knee Line	KL	
14	胸（高）点	Bust Point	BP	
15	前颈窝点	Front Neck Point	FNP	
16	后颈椎点	Back Neck Point	BNP	
17	侧颈点	Side Neck Point	SNP	也称为肩颈点
18	肩（端）点	Shoulder Point	SP	
19	衣长	Length	L	
20	袖长	Sleeve Length	SL	
21	袖窿弧长	Arm Hole	AH	
22	省	dart		根据人体曲面预留的衣片缝合余量
23	褶裥	Pleat		
24	搭门（叠门）	Front overlap		服装开口处左右重叠的部分
25	门襟	Front fly		搭门重叠的上层，开扣眼一侧
26	里襟	Under lab		搭门重叠的下层，钉纽扣一侧
27	挂面	facing		上衣门里襟反面的贴边
28	育克	yoke		上衣、裙或裤上部横向的分割部位
29	塔克	tuck		服装上有规律的成组装饰褶
30	克夫	cuff		衣身或袖口下端的拼接部位

第二章

服装与人体

■■■■■■■■■■■■■■■■■■■■■■

　　服装的造型不是指平面的纺织品形态，而是穿着于人体上的三维形态，因而进行服装结构设计时必须首先了解人体的构造，理解服装纸样设计数据与人体各部位测量数据之间的关系。实际生活中，每个人的体型都有高矮、胖瘦等不同差异，在运动过程中人体和服装的形态也会产生变化，只有了解人体才能设计制作出美观舒适、结构合理的服装。

第一节 | 服装造型与人体

导学问题：

1. 人体可以划分为几个区域？人体解剖形态与服装的结构相关吗？

2. 服装结构设计中服装造型的基准点和人体的什么部位有关？

3. 服装造型的长短、松紧设计与人体尺寸有什么关系？

一、人体结构与服装造型

观察人体的基本结构，可以将人体划分为头部、躯干、上肢和下肢几个主要区域，每个区域呈现相对固定的体块，并通过各个关节相连接。在服装结构设计中，首先需要设定人体的观测方位和主要部位，作为人体观测和区分体型特征的依据。

通过平面观察，可以将人体分为前身、后身、侧身，四肢按照与人体中线的距离可以分为内侧、外侧。在进行局部的人体观测定位时，按照人体解剖学的定义将与地面平行的水平方向称为横断面，作为测量人体围度的主要依据；与地面垂直经过人体前后的方向称为矢状面，作为人体厚度的观测依据；与地面垂直经过人体左右方向的称为冠状面，作为人体宽度的观测依据，参见图2-1-1。

人体的外部形态涉及到骨骼、肌肉和皮肤三个方面。骨骼决定了人体形态的基本特点，如身高，躯干、四肢的基本结构和身体各部位比例等，因此，服装结构设计中通常以骨骼的凸出或连接部位作为测量体型以及确定服装造型的基准点。骨骼可以活动的连接部位即关节，关节结构和肌肉、皮肤一起决定了身体的转动和屈伸运动，因而服装的关节部位往往需要更多的面料余量或材料弹性来满足活动需要，人体不同关节的活动范围各不同，这在很大程度上成为服装活动功能性设计的基准。

如图2-1-2，腰脊关节以人体的自然直立状

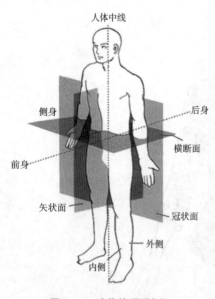

图2-1-1 人体的观测方位

态为基准，前屈活动的最大幅度为90°，后仰幅度为30°，前者明显大于后者，并且腰脊向前屈的动作频率明显大于向后仰的活动。腰脊前屈时背部的皮肤明显拉伸延展，因此上下身连接的服装结构设计必须增加后身的活动量，如连衣裤需要增加较大的后裆长度松量。同时，现代成衣大多采用上下分离的服装结构，身体前屈时上装的后身自然前移并翘起，不会影响下身的服装造型，更适合当代的快节奏生活方式。

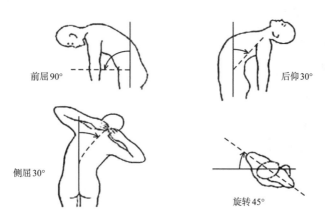

图2-1-2　人体腰脊关节的活动尺度

服装造型是指服装穿着在人体上的三维立体形态，根据不同造型的服装与人体的体型相关程度，可以将服装分为非成型类服装、半成型类服装和成型类服装。服装的成型度越高，服装与人体体型特征的吻合度越高。

对于印度沙丽（Lndia Sari）、源自于南美的斗篷（Poncho）等非成型类服装，面料通常具有传统的限定尺寸，几乎不需要考虑人体的差异，是在穿着过程中通过面料的折叠和悬垂而贴合人体，从而适应人体形态，参见图2-1-3。

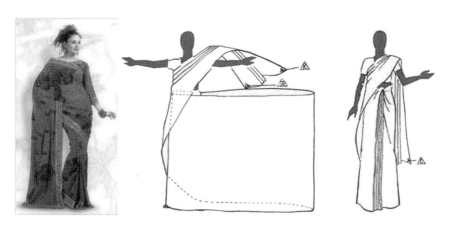

图2-1-3　非成型服装——印度纱丽

半成型类服装中常见的有汉服、和服、阿拉伯长袍等，面料仅在肩、胸、背等受力部位贴合人体，服装只需要考虑衣长、袖长、胸围、肩宽等少量部位尺寸与人体符合，服装结构简单，穿着时具有较大的灵活度，参见图2-1-4。

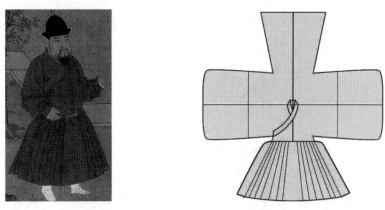

图2-1-4　半成型服装——中国明代的曳撒

对于西服、西裤等较合体的成型类服装，必须综合考虑人体的胸围、腰围、臀围、臂围、肩宽、前后造型均衡等多方面要素。服装的结构形态与人体对应，通常分为领子、衣身（前/后）、袖子、裙子（前/后）、裤子（左前/左后/右前/右后）等，参见图2-1-5的女西服结构设计。只有根据实际人体测量数据进行精确的"量体裁衣"，才能确保成型类服装造型美观、合体。

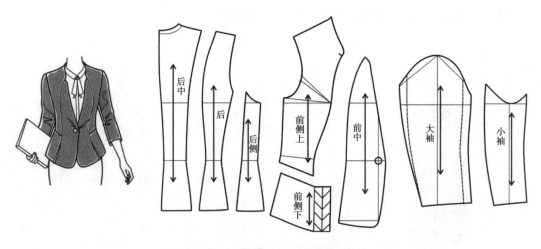

图2-1-5　成型类服装——女西服结构设计

二、人体的体型差异与服装

由于性别、年龄、种族遗传、体质强弱等因素的影响，人体的外形轮廓会形成不同的立体形态特征，服装也呈现出相应的外观造型差异。

男性和女性的体型相比较而言，男性的骨骼粗壮而突出，肩部宽厚，胸廓体积大，肌肉线条鲜明，躯干整体呈现直线形态为主的倒梯形或H型；女性的骨骼较为纤细，肩部较窄而单薄，骨盆宽而厚，皮下脂肪发达，躯干整体呈现起伏明显的S型，体表的皮肤线条更加光滑圆润，参见图2-1-6。

与男装相比，传统女装更多采用省道、分割等结构设计手段，来强化女性的曲线体态特征和装饰性造型变化，结构变化更加复杂，同时从审美习惯上来看，女装与男装的结构设计理念也有一定的差别。

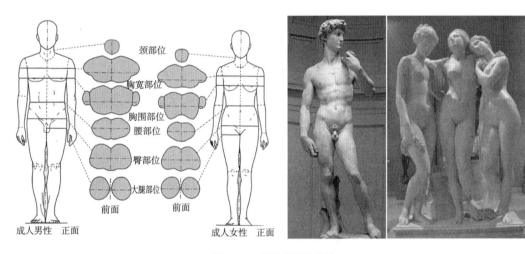

颈部位
胸宽部位
胸围部位
腰部位
臀部位
大腿部位
前面　　　前面
成人男性　正面　　　　　成人女性　正面

图2-1-6　男女体型的差异

同一性别、不同体型对于服装的结构设计也有一定影响，对于较合体的服装造型，服装结构设计的差异更加明显。在服装结构设计的基础研究中，主要关注具有普遍性并且对服装外观有明显影响的体型差异，如将女性的体型分为肥胖体、瘦形体、挺胸体、平胸体、凸背体、凸肚体、凸臀体等，参见图2-1-7。即使是同样的服装款式，针对不同体型穿着者进行服装定制时，结构设计往往需要根据消费者的实际体型进行局部的比例、数据调整，才能确保穿着后的服装造型合体、美观。

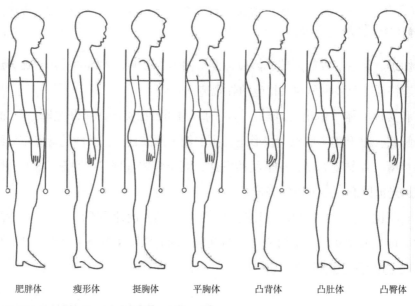

| 肥胖体 | 瘦形体 | 挺胸体 | 平胸体 | 凸背体 | 凸肚体 | 凸臀体 |

图2-1-7　女性常见的体型差异

三、服装尺寸设计的主要人体依据

在常规型服装结构设计中，服装的长短、松紧等尺寸往往有一定的设计范围，确保服装穿着舒适便利，同时符合大众的审美习惯。

服装的长度设计部位主要有衣长、袖长、裤长和裙长等，通常我们以人体的关节活动点来作为尺寸界定的依据，如袖长在肘部以上的造型为短袖，袖长在手腕以下的造型为长袖。人体关节部位的运动幅度较大，如果将服装的长度设计在关节附近，很容易在活动时产生造型变形或褶皱，同时人体皮肤与服装边缘频繁接触，也会影响舒适感，因此贴身穿着的服装通常会避免位于腰线、肘线、膝盖等关节部位的长度设计。

服装的围度设计通常以人体横断面的外围长度为基础，服装的尺寸需要在人体相应部位增加活动放松量。如服装的胸围需要在人体胸围的基础上增加转身、肩背部活动等所需要的放松量，袖口的尺寸需要在手掌围的基础上增加放松量以确保穿脱方便。面料的性能对于服装围度设计有很大的影响，应用于具体款式的结构设计时，需要进行灵活调整。如使用较大的围度松量时，柔软轻薄的面料可以自然悬垂形成合体的褶皱，但厚实硬挺的面料就容易显得造型臃肿；弹力面料用于合体紧身的服装造型时，有时可以采用比人体实际围度更小的尺寸。

第二节 ｜ 人体测量

导学问题：

1. 人体测量有哪些常用的方法？

2. 服装结构设计所需要的人体测量数据主要有哪些？

3. 用软尺进行手工人体测量时，对于测量姿态和工具有什么要求？

4. 人体测量的定位点怎么确定？

一、人体测量的方法

人体体型是服装造型的核心，也是服装结构设计的基础，人体测量是了解和掌握人体体型的必要方法。人体测量根据所使用的测量工具分为二维照相测量、三维扫描测量、仪器接触式测量和软尺测量等方法。

二维照相人体测量方法属于非接触式测量，主要获取人体的外轮廓数据，快捷方便。相机拍照时需要保持较远的距离（通常在10m以上）以减少透视变形，至少需要正面和侧面两个方位拍摄。在服装结构设计中，其主要用于研究人体各部位的比例和角度等体型特征，参见图2-2-1。随着虚拟试衣技术的发展，二维照相人体测量更多地与计算机图形技术、三维人体建模等技术相结合，越来越广泛地直接应用于服装营销领域，参见图2-2-2。

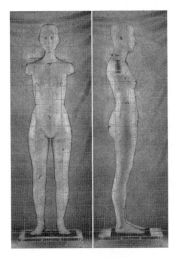

图2-2-1　二维照相测量人体

图2-2-2　3D虚拟试衣镜

三维扫描人体测量方法起始于20世纪70年代，目前已经具有较成熟的技术和专用设备。测量时利用多台激光或红外线扫描仪从不同角度对人体进行扫描，扫描得到的数据再通过计算机软件实现计算和自动拼接，最终实现精确的人体数据输出。三维扫描人体测量方法的主要特点是测量精度高，速度快，可以准确提取人体高度、围度、厚度、角度、断面形状等多项数据，生成立姿、坐姿、头部、躯干等多种人体标准模型，已经成为当前人体体型研究中所使用的主要技术手段，参见图2-2-3。

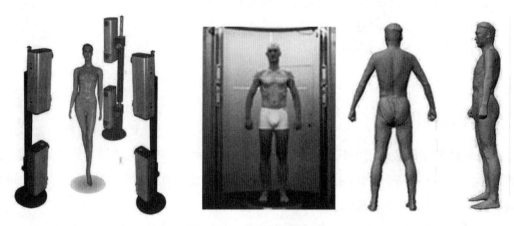

图2-2-3　三维扫描仪测量人体

测量人体尺寸最常用的仪器为GPM测量仪或称马丁测量仪，由卢道夫·马丁在1928年发明，国际上广泛应用于医学、工程等多个领域。常用于人体的测量仪器包含多种测量工具，如杆状计测器、触角计测器、角尺、皮下脂肪尺等，使用手工接触式操作，可以精确测量人体的高度、宽度、厚度、角度、皮下脂肪等数据，参见图2-2-4。

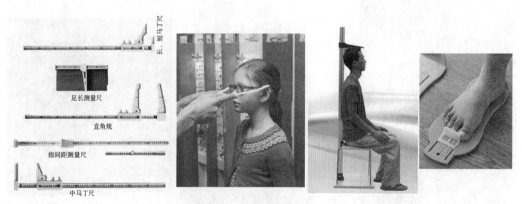

图2-2-4　仪器接触式测量人体

软尺手工测量是生活中最常见的人体测量方法，也是最基本的服装人体测量方法。软尺测量法所使用的工具简单，操作容易掌握，通常使用厘米（cm）为单位的软皮尺。被测量者需要穿着合体贴身的服装，保持直立静态，双臂自然下垂，才能获得准确的测量结果。

二、手工人体测量的主要项目

1. 人体测量的定位点

在进行手工人体测量前，首先需要根据人体结构确定测量时的主要定位点和基准线。人体测量的定位点位于人体关节凸起部位或体表的明显分界点，参见图2-2-5。

① 头顶点：平面观测的头部最高点。

② 眉间点：从正面观察的双眉中间点，从侧面看最凸出的点。

③ 后颈（中）点BNP：第七颈椎点（低头时凸起的关节点）。

④ 侧颈点SNP：从正面观察的颈部与肩线交点，侧面观察的颈筋凸起线。

⑤ 前颈中点FNP：左右锁骨凸出位置的连线中点。

⑥ 肩点SP：平面观察的手臂与肩线交点，略高于肩胛骨的肩峰凸出点。

⑦ 前腋点：手臂与躯干在腋前相交的皮肤皱褶连接点。

⑧ 后腋点：手臂与躯干在腋后相交的皮肤皱褶连接点。

⑨ 胸（高）点BP：乳头凸出点，女性穿着文胸时的乳房最高点。

⑩ 肘点EP：肘关节外侧最凸出点。

⑪ 手腕点：手腕外侧尺骨下端的凸出点。

⑫ 臀凸点：侧面观察的臀部最凸出点。

⑬ 髌骨下点：膝盖的髌骨下端点。

⑭ 外踝点：脚踝腓骨的外侧凸出点。

⑮ 腰基准线：通过腰部侧面最细处的水平线。

⑯ 臀基准线：通过臀凸点的水平线。

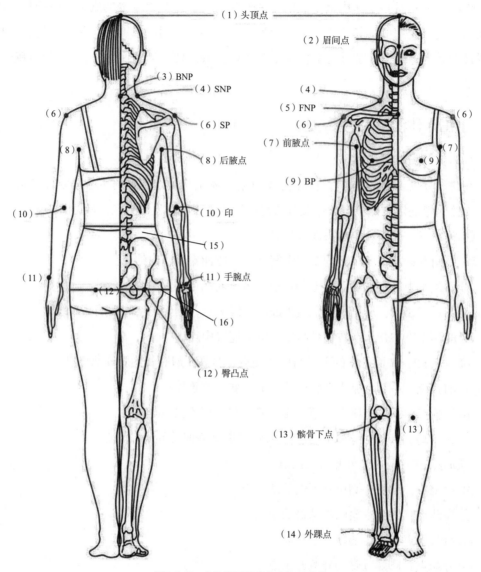

（1）头顶点
（2）眉间点
（3）BNP
（4）SNP
（4）
（5）FNP
（6）SP
（6）
（6）
（6）
（7）前腋点
（7）
（8）后腋点
（8）
（9）
（9）BP
（10）印
（10）
（15）
（11）手腕点
（11）
（12）
（16）
（12）臀凸点
（13）髌骨下点
（13）
（14）外踝点

图2-2-5　人体测量的定位点和基准线

2. 人体测量项目和测量部位

根据服装结构设计的需要，常用的手工人体测量项目主要有四类：垂直高度、围度、体表长度、体表宽度，人体测量部位和方法参见表2-2-1。

表2-2-1　人体测量部位和方法

		测量项目	测量方法
垂直高度	1	身高	从头顶点量至地面
	2	颈椎点高	从后颈中点量至地面
	3	腰围（线）高	从腰围基准线量至地面
	4	臀位高	从臀围基准线量至地面
	5	下裆位高	从大腿根量至地面
	6	膝盖中点高	从膝盖中点的后折线处量至地面
	7	外足踝高	从外侧足踝关节凸点量至地面
	8	坐姿颈椎点高	坐姿正直，从后颈点量至椅面
	9	股上长	坐姿保持腰线水平，从腰线量至椅面
围度	1	胸围	女性经过胸点，水平围量一周
			男性通过腋窝，水平围量一周
	2	腰围	沿人体侧腰和后腰的最细位置水平围量一周
	3	臀围	沿臀凸点水平围量一周，取臀部围度的最大值
	4	头围	从眉间点到后脑最突出的位置围量一周
	5	颈根围	经过前颈中点、左右侧颈点、后颈点围量一周
	6	颈围	经过喉结节点水平围量一周
	7	臂根围	经过肩点、前腋点、腋下、后腋点围量一周
	8	臂围	后腋点对应的上臂最粗处围量一周
	9	腕围	经过手腕点围量一周
	10	手掌围	大拇指收拢，沿五指底部的关节突出处围量一周
	11	中腰围	经过腹部和髋骨前凸点，水平围量一周
	12	（前后）上裆围	从前腰线中点绕过裆底至后腰线中点围量一周
	13	腿根围	经过大腿根的大腿最大围度，水平围量一周
	14	小腿围	小腿最粗处水平围量一周
	15	踝围	经过小腿外踝点水平围量一周
	16	足（根）围	将足抬起，从足跟至脚背围量一周
体表长度	1	背长	背部加塑胶平板，从后颈点垂直量至腰线
	2	乳高	从侧颈点贴体量至胸点BP
	3	前身长	从侧颈点经过胸点BP，直下量至腰线
	4	后身长	从侧颈点经过肩胛骨最突出位置，直下量至腰线
	5	腰长	腰围线至臀围线距离，在侧前身曲度较小处测量
	6	全臂长	手臂自然下垂，从肩点经过肘点到手腕点的折线长度
	7	肘长	手臂自然下垂，从肩点测量至肘点

		测量项目	测量方法
体表宽度	1	（总/背）肩宽	从左肩SP点经过后颈点，量至右肩SP点的折线长度
	2	肩幅（小肩宽）	从肩点量至侧颈点
	3	胸宽	从左前腋点水平量至右前腋点，紧贴体表测量
	4	背宽	从左后腋点水平量至右后腋点，紧贴体表测量
	5	乳间距	左右胸点之间的直线距离

3. 测量操作方法

　　手工人体测量操作时，被测量者需要穿着贴身内衣，提前在腰围线和后颈点做好定位标记。被测量者呈直立站姿，足跟并拢略呈八字，保持头部水平，肩背部自然舒展，手臂自然下垂，手心向内。测量者位于被测者的右侧斜前方，测量数据以右半身为主。

　　测量垂直高度时需要使用高度测量仪，或在垂直平面进行标记后间接测量，参见图2-2-6。

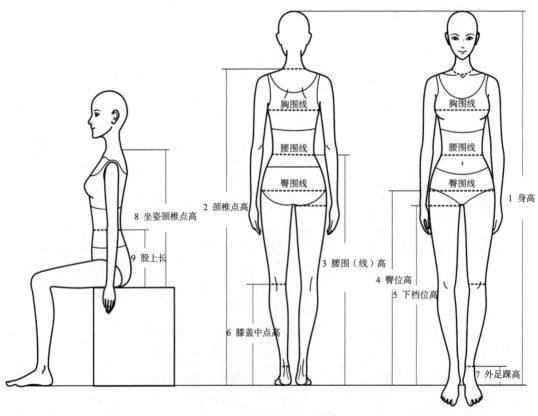

图2-2-6　人体的垂直高度测量

测量体表长度、宽度和围度等数据时使用软尺，服装测量所用的软尺通常为150cm长度，测量数据单位精确到0.1cm。

测量体表长度和宽度时以相应的关节点作为定位依据，紧贴人体。测量背长时需要加入塑胶垫板，将左右肩胛骨之间的位置补平后进行测量，否则直接沿脊椎贴身测量会造成背长的数据偏短，参见图2-2-7、图2-2-8。

测量围度时需要注意松紧适度，通常用一根手指在软尺内部固定，保持软尺可以轻微移动即可。注意在测量胸围、臀围等水平围度时，需要观察软尺在正、背、侧面都保持水平，不可倾斜下滑，参见图2-2-9。

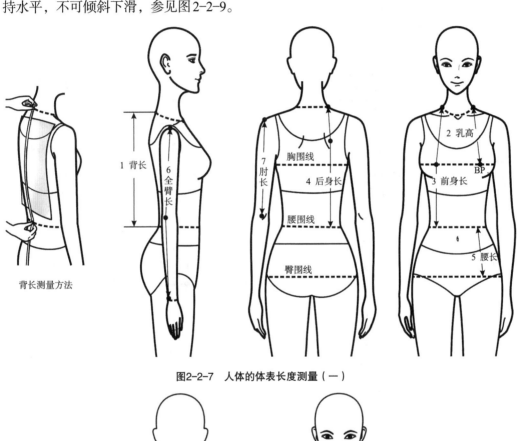

图2-2-7 人体的体表长度测量（一）

图2-2-8 人体的体表宽度测量（二）

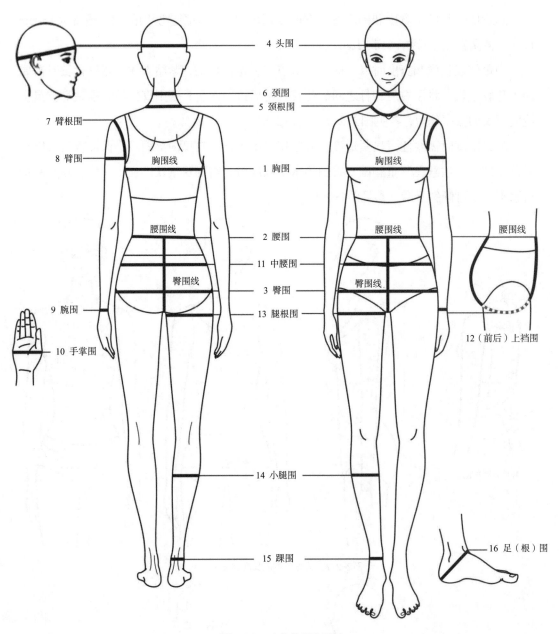

图2-2-9　人体的围度测量

标签文字：
4 头围
6 颈围
5 颈根围
7 臂根围
8 臂围
胸围线
1 胸围
腰围线
2 腰围
11 中腰围
臀围线
3 臀围
13 腿根围
9 腕围
10 手掌围
腰围线
12（前后）上裆围
14 小腿围
15 踝围
16 足（根）围

练习：

使用软尺工具，2~3人一组，完成人体主要部位的测量。

第三节 | 服装工业尺码规格

导学问题:

1. 服装工业尺码规格是根据什么确定的?

2. 中国服装号型标准中的"号""型""体型代号"分别是指什么?

3. 服装系列号型配置主要有几种方式?

4. 成衣规格测量和人体测量有什么差异?

一、服装工业尺码规格标准的制定

在工业化服装生产中,通常不需要进行个人的人体测量,而是按照服装工业尺码规格来进行服装结构设计。服装工业尺码规格是在大量的人体测量数据基础上,按照性别、年龄、体型特点等进行数据的分布式统计,获得最具有代表性的人体体型系列,从而建立适用于大多数人群的人体尺码系列规格,并作为标准化服装生产的依据,参见图2-3-1。

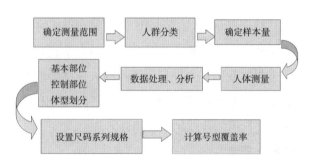

图2-3-1 服装工业尺码规格的制定

服装工业尺码规格标准的执行,一方面便于企业按照品牌自身的用户体型定位进行生产规划,是服装企业进行纸样推档、品质检验和管理的重要依据;另一方面将标准化的服装尺码信息直接缝制标示在成衣上,方便了消费者选购适合自身体型的服装。

由于各个国家和地区的种族构成、人群体型特征都不相同,服装的生产和销售市场也不同,服装工业尺码规格一般由各个国家分别制定标准,其名称和使用方法也有所差异。如日本从1957年开始研究其国民人体体型,并且每四年进行一次人体普测,据此发布和修订了日本工业标准（JIS）。美国的尺码规格则将各种服装进行分类标注，包括上装、衬衣、夹克、西服、裤装等，如女上装常用的尺码为01/02/03/04/05/06/07，意味着码数从"XXS"到"XXL"，而夹克的70/71/72/73码则分别代表了M/L/XL/XXL码。欧洲各国也根据自己的国民体型特征选择执行不同的服装工业尺码规格，英国、法国、德国、意大利、俄罗斯等主要服装生产和消费国各有其尺码规格，同样标识为38码的女装所对应的人体体型和人体部位尺寸可能都有所不同。

二、中国的服装号型标准

1. 中国服装号型标准的实施

我国在1981年首次制定并实施了GB 1335—1981《服装号型》标准，根据当时服装造型较为单一的特点，以男装、女装的主要成衣尺寸作为尺码规格分类的基础。1991年的GB 1335—1991《服装号型》国家标准进行了较大的修改，参照国际惯例以人体净尺寸和体型分类作为测量分类的依据，增设了体型分类、上下装配套等内容。1997年的GB 1335—1997《服装号型》标准中的人体测量方法和测量部位都更加科学，增设了童装的号型标准，更加适应服装规模化和标准化生产的要求，对于规范和指导中国的服装生产和销售起到了良好的作用。

我国现在执行的《服装号型》国家标准由国家质量监督检验检疫总局和国家标准化管理委员会批准发布，包括GB/T 1335.1—2008《服装号型 男子》、GB/T 1335.2—2008《服装号型 女子》和GB/T 1335.3—2009《服装号型 儿童》三项内容。现有服装号型标准将服装的穿着者按照成人男性、成人女性、儿童（52~160cm）进行分类，上装和下装的号型规格系列分别设定。近年来我国正在进行大规模的人体体型调查，使用三维人体扫描测量方法来采集人体数据，今后将按照地域、年龄段进行划分和剖析人体体型特征，进一步修订服装号型标准，进行更加合理的体型细分。

2. 服装号型标准的相关概念

（1）号型概念

服装号型标准中的"号"指身高，是确定服装长度的主要依据。"型"指围度，上装的型为净胸围，下装的型为净腰围，是确定服装围度的主要依据。

（2）体型类别

当人体的胸围相同时，胖瘦体型往往直接表现为腰围的差别，体型越瘦则腰围越小。因此，我国服装号型标准采用胸腰围差将体型进行分类，分为Y、A（标准体）、B、C四种类型，所对应的胸腰围差范围参见表2-3-1。

表2-3-1 服装号型标准的体型分类　　　　　　　　　　　单位：cm

体型类别		Y	A（标准体）	B	C
胸腰围差 （胸围−腰围）	男	22~17	16~12	11~7	6~2
	女	24~19	18~14	13~9	8~4

（3）号型标志

中国服装号型标准中规定所有在中国市场销售的成品服装必须标明号型标志，形式为：号/型 体型类别，号和型中间用斜线"/"分开，童装只有号型，不分性别和体型。例如：

女上装160/84 A，表示具有该号型标志的服装适用于身高158~162cm之间，胸围82~85cm，胸腰围差18~14cm的女性；

女下装160/68 A，表示具有该号型标志的服装适用于身高158~162cm之间，腰围67~69cm，胸腰围差18~14cm的女性；

男上装170/88 A，表示具有该号型标志的服装适用于身高168~172cm之间，胸围86~89cm，胸腰围差16~12cm的男性；

男下装170/74 A，表示具有该号型标志的服装适用于身高168~172cm之间，腰围73~75cm，胸腰围差16~12cm的男性；

儿童上装145/68，表示该号型服装适用于身高143~147cm之间，胸围66~69cm的儿童；

儿童下装145/60，表示该号型服装适用于身高143~147cm之间，腰围58~61cm的儿童。

（4）号型系列

将人体的身高和胸围/腰围进行有规律的分档，通过号（身高）与型（胸围或腰围）的多种组合，使服装规格能够尽量覆盖大多数的人群体型，即为号型系列。

成人的"号"（身高）分档为5cm，"型"的分档为上装胸围4cm，下装腰围4cm或2cm。把号和型的分档结合起来，分别有5·4系列和5·2系列，中间用圆点分开。女装生产中常用的号型系列组合参见表2-3-2。

表2-3-2　女装常用的号型系列表　　　　　单位：cm

体型类别A																						
腰围		身高																				
		145			150			155			160			165			170			175		
胸围	72				54	56	58	54	56	58	54	56	58									
	76	58	60	62	58	60	62	58	60	62	58	60	62	58	60	62						
	80	62	64	66	62	64	66	62	64	66	62	64	66	62	64	66	62	64	66			
	84	66	68	70	66	68	70	66	68	70	**66**	**68**	**70**	66	68	70	66	68	70	66	68	70
	88	70	72	74	70	72	74	70	72	74	70	72	74	70	72	74	70	72	74	70	72	74
	92				74	76	78	74	76	78	74	76	78	74	76	78	74	76	78	74	76	78
	96							78	80	82	78	80	82	78	80	82	78	80	82	78	80	82

童装的号型系列分档按照不同年龄和身高而不同。身高52~80cm的婴儿采用7·4和7·3系列，即"号"（身高）分档为7cm，"型"的分档上装胸围为4cm，下装腰围为3cm。身高80~130cm的幼儿采用10·4和10·3系列，即"号"（身高）分档为10cm，"型"的分档上装胸围为4cm，下装腰围为3cm。身高135cm以上的儿童采用5·4和5·3系列，即"号"（身高）分档为5cm，"型"的分档上装胸围为4cm，下装腰围为3cm。

（5）人体控制部位

人体控制部位是指设计服装规格时起主导作用的人体测量部位。中国《服装号型》标准中选取了10个人体测量部位指标作为人体控制部位，在长度方面有身高、颈椎点高、坐姿颈椎点高、全臂长、腰围高，围度方面有胸围、腰围、臀围、颈围，以及总肩宽。根据人体控制部位的大量测量数据进行统计优化后，确定男女体型的中间体控制部位数值，以及不同号型时所对应的档差计算值，参见表2-3-3。

表2-3-3　人体控制部位数值　　　　　单位：cm

部位	男 /A型体		女 /A型体	
	中间体	档差	中间体	档差
身高	170	5	160	5
颈椎点高	145	4	136	4
坐姿颈椎点高	66.5	2	62.5	2
全臂长	55.5	1.5	50.5	1.5
腰围高	102.5	3	98	3
胸围	88	4	84	4

部位	男 /A型体			女 /A型体		
	中间体		档差	中间体		档差
颈围	36.8		1	33.6		0.8
总肩宽	43.6		1.2	39.4		1
腰围	72	**74**	76	4	66	**68**	70	4
臀围	88.4	**90**	91.6	3.2	88.2	**90**	91.8	3.6

（6）系列号型配置

大多数服装企业所生产的服装通常不会涵盖所有的服装号型，而是根据品牌所定位的消费者群体体型，选择部分服装号型系列进行设计和生产，即服装生产中的系列号型配置。

中小型时装企业通常采用一号一型的同步配置，例如：对于一款女上装实际生产的规格为：155/80 A（S码）、160/84 A（M码）、165/88 A（L码）。部分服装企业会采用一号多型或多号一型配置，如一款女上装的实际生产规格为：155/80 A（S码）、160/80 A、160/84 A（都标为M码）、165/84 A、165/88 A（都标为L码）、170/92 A（XL码）。

适当的服装号型规格配置可以降低生产管理成本，同时确保产品适用于大多数目标消费者。全系列号型配置方式主要应用于军装、警服等大批量制服生产，其号型配置参见表2-3-4。

表2-3-4　女上装5·4号型系列表（部分）　　　　　　单位：cm

号	型	体型类别			
		Y	A	B	C
160	80	160/80Y	160/80A	160/80B	160/80C
	84	160/84Y	160/84A	160/84B	160/84C
	88	160/88Y	160/88A	160/88B	160/88C
165	84	165/84Y	165/84A	165/84B	165/84C
	88	165/88Y	165/88A	165/88B	165/88C
	92	165/92Y	165/92A	165/92B	165/92C

（7）女装标准人体参考尺寸

女装工业化生产使用的中间规格服装号型通常为160/84A，中国《服装号型》标准中仅给出10个人体控制部位尺寸，很难满足实际服装造型和纸样变化的需要。结合人体实际测量统计和常用的人台尺寸，列出160/84A号型所对应的标准人体参考尺寸，参见表2-3-5。

对于具体个人而言，同样的身高、胸围尺寸时，肩宽、背长、臀围等各部位尺寸往往差异很大，定制服装时需要根据个体实际测量的尺寸调整原型，然后进行相应的纸样变化，才能获得真正合体适穿的服装。

表2-3-5 女装标准人体参考尺寸

单位：cm

		部位	标准数据	序号		部位	标准数据
垂直高度	1	身高	160	体表长度	1	背长	38
	2	颈椎点高	136		2	乳高	25
	3	腰围（线）高	98		3	前身长	41.5
	4	下裆位高	73		4	后身长	40.5
	5	膝盖中点高	41		5	腰长	18
	6	坐姿颈椎点高	62.5		6	全臂长	52
	7	股上长	27		7	肘长	28
围度	1	胸围	84	9		腕围	16
	2	腰围	66	10		手掌围	20
	3	臀围	90	11		中腰围	76
	4	头围	56	12		（前后）上裆围	68
	5	颈根围	38.5	13		腿根围	53
	6	颈围	34	14		膝围	33
	7	臂根围	37	15		踝围	21
	8	臂围	27	16		足（根）围	30
体表宽度	1	肩宽	38	4		背宽	35
	2	肩幅（小肩宽）	12.5	5		乳间距	18
	3	胸宽	34				

三、成衣规格

成衣规格也称为成衣部位规格，是指服装成品的实际尺寸。成衣规格以服装号型为基础，根据服装造型而确定，也是影响服装结构设计的基本要素。生活中穿着的常规服装受到审美习惯和流行趋势的影响，其成衣规格往往具有较为固定的范围，如合体女衬衫的成衣胸围通常取净胸围加8~12cm，长袖的袖长至手腕下1cm。不同季节的着衣厚度和个人穿着习惯会影响成衣规格的设计，即使款式相似，成衣规格的设计也需要根据具体情况而分别对待。

成衣规格的测量方法根据不同的服装造型各有差异，国际通用的成衣尺寸测量方法主要参照ISO4415~4418"服装的尺寸标识"系列标准。在我国执行的推荐性国家标准GB/T和纺织行业推荐性产品标准FZ/T系列中，对各类服装的规格测量方法有详细的规定，如GB/T2667—2002《男女衬衫规格》、GB/T2668—2002《男女单服套装规格》、FZ/T 80010—2006《服装人体头围测量方法与帽子尺寸代号》等。

进行成衣规格测量时，首先需要将服装的扣子、拉链等扣合完整，服装水平铺展后使用软尺测量，测量时不可用力拉伸或卷曲。成衣的围度规格尺寸通常取实际测量数据乘以2，如成衣胸围90cm＝半胸围45cm×2，具体测量部位参见图2-3-2。

1. 上装测量的主要部位规格

①（后）衣长：沿后中线，从领或领围与衣身连结处到最下边的距离。

②袖长：肩点到袖口之间的长度。

③（半）胸围：袖窿下方1cm处，两侧边之间的水平距离。

④（半）腰围：腰部最细处，两侧边之间的水平距离。

⑤（半）下摆围：衣服最下边，两侧边之间的水平距离。

⑥肩宽：袖窿肩点经过后领中点，两侧边之间的距离。

⑦小肩宽（肩幅）：由袖窿肩点到肩领连接处的距离。

⑧前胸宽：衣身正面，两袖窿弧线之间的水平最短距离。

⑨后背宽：衣身背面，两袖窿弧线之间的水平最短距离。

⑩袖宽：袖窿下最宽处，与袖中折线保持垂直进行测量的距离。

⑪袖口宽：袖口两边之间的距离。

⑫领围：经过扣合的纽扣围量一周，适用于立领、男衬衫领等闭合式领型。

⑬领宽（后中线领高）：测量后中领边到领底缝合线的距离。

⑭肩袖长：衣身与领缝合处经过肩线到袖口边的距离，适用于插肩袖、连袖造型。

2. 下装测量的主要部位规格

①裤长：沿外侧边，由腰口往下到裤口边的距离。

②裙长：沿前中线，由腰口往下到裙底边的边长。

③（半）腰围：沿腰口上边线直接测量边长。

④（半）臀围：由腰口往下取腰长即臀围线，两侧边之间的水平距离。

⑤前裆（长）：裤子前中线由腰口往下到横裆线的直线距离。

⑥后裆（长）：裤子后中线由腰口往下到横裆线的直线距离。

⑦横裆宽：由横裆往下1cm处，两侧边之间的水平距离。

⑧脚口宽：脚口两边之间的距离。

⑨腰头宽：从腰头上边到腰头与裤缝合线的距离。

图2-3-2　成衣部位规格的测量示意图

练习：

1. 观察自身穿着服装的尺码，结合人体测量数据对自身的体型进行号型分类。

2. 选择自己的基本款式服装实物，进行成衣规格测量实践。

第三章

服装原型

■■■■■■■■■■■■■■■■■■■■■■■■■

　　服装原型作为最基础的服装纸样，包含服装穿着者所必需的人体体型特征信息，同时也体现出最基本的服装造型信息。由于欧美女性与东方女性的体型差别较大，本书选择日本文化式原型作为服装结构设计教学的基础。日本文化式原型的结构设计体系严谨，在中国使用率高，既便于初学者学习服装结构的基础原理，也可以进一步应用于各种复杂的服装造型和结构设计研究。本章将重点介绍日本文化式女上装原型的制图方法及其结构设计特征。

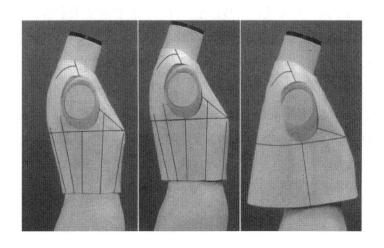

第一节 ｜ 服装原型概述

导学问题：

1.服装原型是怎么产生的？有什么作用？

2.服装原型分为哪些种类？

3.怎样获得个体适用的服装原型？

一、服装原型的产生与发展

服装领域中使用的"原型"一词来源于日语，特指平面裁剪所使用的基本纸样，也就是以特定的人体体型作为结构制图依据，不带任何款式变化因素的基本服装纸样。

日本从19世纪60年代明治维新之后开始全面引入西洋服装，与"和服"区别而称为"洋服"，在洋服的穿着和制作过程中，日本服装界逐渐认识到黄种人的体型和审美习惯与西方社会不同，完全采用欧式的服装结构设计很难得到理想的服装造型，他们从20世纪上半叶就开始致力于研究符合日本人着装需求的"洋裁"基本纸样。经过大量专业人士的努力，尤其是许多服装学校针对教学的需要，开发出各种各样的服装原型，其中影响较大的主要有日本文化式原型、日本登丽美式原型和伊东式原型，在中国运用最广泛的主要是日本文化式原型。

文化式原型最初由日本文化服装学院的创立者并木伊三郎发明，并于昭和10年（1935年）推出了第一代文化式女装原型。其后，在长期使用中结合人体体型和流行变化来分析原型的试穿效果，对原型进行了多次修正。日本文化式服装原型于20世纪80年代开始引入中国，即第六代原型，也成为大量的中国服装专业人士首次接触的原型，参见图3-1-1。

20世纪90年代，日本文化学园大学结合了水平断面二维计测和三维人体测量技术，针对三维测量所获得的人体体型特征对服装原型进行了较大的修改，于1999年推出了文化式服装新原型并沿用至今，国内有时也称为第八代文化式服装原型或日本文化式服装新原型。

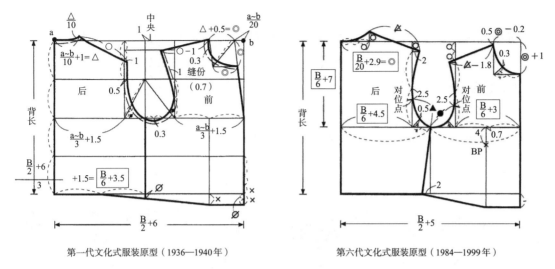

第一代文化式服装原型（1936—1940年）　　　第六代文化式服装原型（1984—1999年）

图 3-1-1　日本文化式服装原型的历史发展

二、服装原型的分类

服装原型作为最基础的服装纸样，包含服装穿着者所必需的人体体型特征信息，也体现出最基本的服装款式信息。

服装原型可以按照人体、造型和制图方法而分为不同的种类。

1. 性别和年龄分类

不同性别的人体体型特征迥异，并且同一个人的体型随着年龄的增长也会有很大的变化和差异，因而日本文化式原型针对男子、女子、婴幼儿、少儿、老年各自有不同的原型纸样，其结构构成和数据计算方法都有很大的差异，参见图3-1-2、图3-1-3。

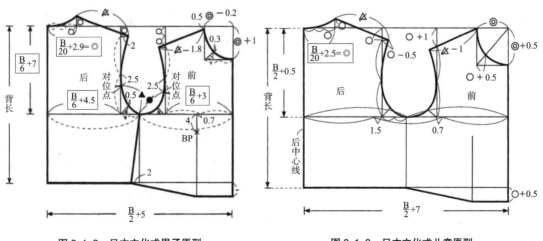

图 3-1-2　日本文化式男子原型　　　　　　图 3-1-3　日本文化式儿童原型

2. 造型分类

根据服装覆盖部位的不同，结合最基本的服装造型，服装原型可以分为上半身原型（衣身原型）、袖原型、下半身原型（裙原型和裤原型）、连身式原型等，其中以上半身的衣身原型最为常用。

按照穿在人体上的廓形和松量的不同，衣身原型又可以分为紧身原型、半紧身原型和松身原型（梯形、箱型），其主要差异在于胸腰部形态以及对应的省道设计，参见图3-1-4。

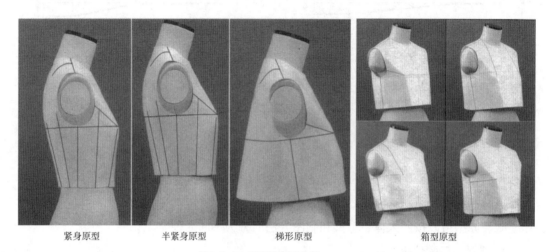

| 紧身原型 | 半紧身原型 | 梯形原型 | 箱型原型 |

图3-1-4　原型的廓形分类

在保持衣身整体平整均衡的状态下，紧身原型和半紧身原型的胸围线以上部位基本合体，主要区别在于腰围的合体程度。梯形的松身原型侧面呈梯形，整体无腰省，从肩部以下均有较大的松量。箱型松身原型穿着时胸围线以上较合体，胸围线以下基本呈直线箱型，可以根据需要设计不同的省道位置，其代表类型为第六代文化式女上装原型、东华原型等。

根据服装的不同造型，在服装专业教学中所有上装通常使用同样的原型，纸样制图时在原型基础上进行不同部位的松量和线条形态变化，用来制作衬衫、西服、大衣等不同类型的服装。

在服装企业实际应用时，可以使用基本的服装原型，也可以先制作出各种服装款式的基础纸样（即服装基型），如衬衣基础纸样、西装基础纸样、紧身衣基础纸样、泳衣基础纸样、文胸基础纸样等，然后再结合流行时尚进行造型细节的具体结构变化。

3. 制图方法分类

根据原型制图所采用的人体部位尺寸，原型的制图方法可以分为胸度法、并用法、短寸法。

日本文化式女上装原型采用胸度法制图，上装原型仅需测量人体胸围、腰围、背长、袖长四个部位尺寸，以胸围为基准来计算其它部位的制图尺寸。

并用法制图选用的人体部位测量尺寸数量多于胸度法，同时也需要根据测量尺寸来计算其它部位的制图尺寸并完成原型制图。如日本的登丽美式女上装原型采用胸围、腰围、颈根围、臂围、手掌围、胸宽、背宽、肋幅宽、肩宽、背长、颈窝至BP长度11个部位尺寸，比文化式原型更容易符合个人体型，但测量和制图方法较为繁复。

短寸法制图时需要测量人体所有的主要部位尺寸，然后根据实际的人体尺寸而制图，绘制完成的原型只适用于实测的个体，普及性低，通常仅用于高级定制服装，参见图3-1-5。

欧美的服装院校或大型服装公司结合消费者体型，也开发了许多自己独有的服装基本纸样，各种服装基本纸样所适用的人体体型特征、纸样外轮廓造型、制图方法都有所不同，如图3-1-6中的英式女上装基本纸样。

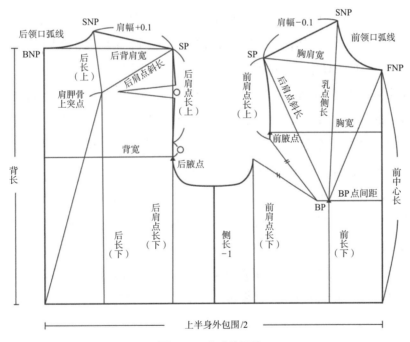

图3-1-5　短寸法原型

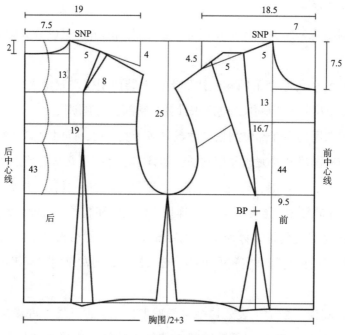

图3-1-6　英式女上装基本纸样

4. 群体原型和个体原型

基于大量人群的体型特征研究而生成的原型即为群体原型，文化式原型、登丽美式原型、英式女上装基本纸样等都属于群体原型。群体原型针对特定的某一类人群体型，理论上完全吻合于该体型归纳生成的"标准体"，但每个人的个人体型往往与"标准体"体型存在差异，因而群体服装原型不一定完全吻合于实际人体。

群体原型应用于个体服装定制时，由于原型设定的标准体与个人体型存在差异，可能会造成服装的不合体和造型偏差，需要先进行原型的试衣补正，即制作个体原型。制作个体原型时首先需要测量人体尺寸，进行短寸法原型制图；或者先按照标准体制作原型坯样，在试衣穿着后进行立体直观的调整，确保修正后的原型衣穿着状态适合实际人体，然后对照修正平面的原型纸样，才能得到符合个人体型特征的个体原型。

服装企业可以根据自身定位的消费群体型特点，采用试衣模特或试衣人台进行原型试穿和纸样修正，从而得到企业专用的服装原型。每个企业定位的消费者体型有所差异，所使用的原型或服装基型也经常各自不同，企业服装原型对于服装品牌造型风格的影响极大，也是新产品开发时进行服装结构设计的核心依据。

第二节 ｜ 日本文化式女上装原型

导学问题：

1. 文化式女上装原型制图需要哪些人体部位尺寸？
2. 在制图过程中需要测量的原型部位尺寸有哪些？

一、制图规格

由于大多数服装都是对称的造型，服装制图时通常仅需要绘制其中的一半，女装绘制右半身纸样，男装绘制左半身纸样。

当服装结构制图没有确定针对特定的人体时，通常采用服装工业规格的中间号型作为制图规格，本书的上装制图选择中国号型规格系列的女装中间号型160/84A。

绘制日本新文化式成人女子上装原型所需要的人体测量尺寸共4项：背长、全臂长、胸围、腰围，女装中间号型160/84A所对应的人体控制部位数值参见表3-2-1。

表3-2-1 女上装原型制图参考尺寸　　　　单位：cm

号型	背长	全臂长	净胸围（B）	净腰围（W）
160/84A	38	52	84	66

二、衣身原型的制图

1. 衣身原型的结构基础线（图3-2-1）

按照以下步骤绘制衣身原型的结构基础线，根据160/84A规格计算女上装衣身原型的各部位数据，参见表3-2-2。

表3-2-2 各部位数据一览表　　　　单位：cm

	胸围宽（身幅）	后袖窿深	背宽	BL~⑧	胸宽	⑨~⑩	前领口宽	前领口深	后领口宽	胸省角度	后肩线省量	前肩线长△
计算公式	B/2+6	B/12 +13.7	B/8 +7.4	B/5 +8.3	B/8 +6.2	B/32	B/24 +3.4 =⊙	⊙+0.5	⊙+0.2	（B/4− 2.5）°	B/32 −0.8	实测
计算值	48	20.7	17.9	25.1	16.7	2.6	6.9	7.4	7.1	18.5	1.9	≈12.5

① 在左侧纵向作后中线①~②，长度为背长。

② 从后中线下方作水平线②~③为腰围线WL，宽度为身幅 = B/2 + 6。

③ 沿后中线从上向下取后袖窿深①~④ = B/12 + 13.7，作水平线④~⑤为胸围线BL，宽度为B/2 + 6。

④ 在BL线上，从后中线取④~⑥为背宽 = B/8 + 7.4，向上作垂直线⑥~⑦为背宽线。

⑤ 做水平线①~⑦与背宽线垂直相交。

⑥ 从腰围线WL右侧向上连接③~⑤并延长，BL以上取前袖窿深 = B/5 + 8.3，确定前中线③~⑧。

⑦ 在BL线上，从前中线取⑤~⑨为胸宽 = B/8 + 6.2，垂直向上画胸宽线。

⑧ 过前中线上部⑧点作前肩水平线与胸宽线垂直相交。

⑨ 在胸围线BL上，沿胸宽线向左侧取⑨~⑩，宽度为B/32。

⑩ 将胸围线上⑥~⑩之间的线段等分，过等分点向下做垂线为侧缝线，与WL相交。

⑪ 肩省辅助线：从后中线①点向下8cm画水平线⑪~⑫，将该水平线段等分，向右侧1cm作为后肩省的省尖点。

⑫ 前袖窿省辅助线：将背宽线上⑥~⑫的距离等分，从等分点向下取0.5cm，过此点画水平线；从BL线⑩点向上作垂直线与该水平线相交，交点G作为前袖窿省的定位点。

⑬ 在胸围线BL上将胸宽⑤~⑨的距离等分，从等分点向侧缝方向取0.7cm，确定胸点BP。

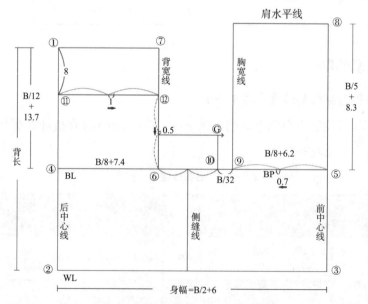

图3-2-1　衣身原型的结构基础线

2.纸样轮廓线（图3-2-2）

①前领口弧线：从前中心线上端点⑧，水平方向取前领宽 $B/24 + 3.4 = \odot$，竖直向下取前领深 $= \odot + 0.5$，绘制矩形框。连接对角线并进行三等分，从下方等分点沿斜线向下0.5cm，作为领弧线参考点，画顺前领口弧线。

②前肩线：从前领宽点绘制前肩斜线，前肩斜度22°，斜线与胸宽线相交后延长1.8cm，测量绘制完成的前肩线长度，并将该长度标记为△。

③后领宽：从后中线上端点①，水平方向取后领口宽 $= \odot + 0.2$，沿后领宽点垂直向上取后领口宽的1/3为后领深，确定侧颈点SNP。

④后领口弧线：过SNP点与后领宽的三等分点绘制正方形框，连接对角线并等分，等分点作为后领弧线参考点，画顺后领口弧线。

⑤后肩线：从SNP点取后肩斜度18°做后肩斜线，在斜线上量取后肩线长度=前肩线长△+肩省量（$B/32-0.8$）。

⑥后肩省：后肩省辅助线中点向右1cm为省尖点，向上作垂线与肩线相交，交点沿肩线向下取1.5cm作为后肩省的起始点，再取 $B/32-0.8$ 作为肩省量的大小，绘制后肩省。

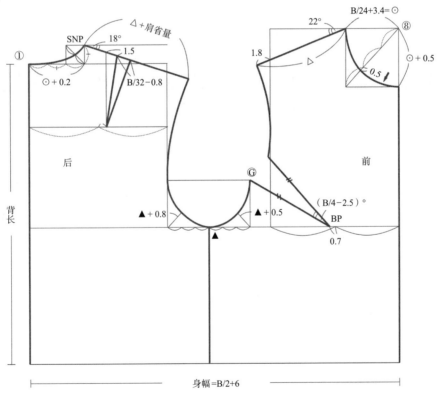

图3-2-2　衣身原型的轮廓线

⑦ 袖窿弧线：在BL线将图3-1-2中⑥~⑩之间的线段6等分，每等份长度为▲。从背宽线与BL的交点做角平分线，长度为▲+0.8，作为后袖窿弧线的参考点。从Ⓖ点垂线与BL的交点做角平分线，长度为▲+0.5，作为前袖窿弧线的参考点。根据肩点、侧缝、Ⓖ点和两个参考点，画顺后袖窿弧线和前袖窿弧线的下段，尽量与肩线保持垂直，与背宽线在Ⓖ点附近相切。

⑧ 袖窿省：连接Ⓖ点和BP点，再向上取夹角（B/4-2.5）°确定袖窿省的角度，绘制袖窿省上边，省道两边长度相等。

⑨ 前袖窿弧线：根据袖窿省上端点、肩点画顺前袖窿弧线，与胸宽线相切，注意胸省合并时应保持袖窿弧线圆顺。

3. 绘制腰省

原型的腰省是根据人体的胸腰围差而确定，设定原型缝合后的腰围松量为6cm，则制图时半身的腰围线收省后取W/2+3，对应半身的胸围宽度取B/2+6，计算胸腰围线的差量即获得制图时的腰省总量=（B/2+6）-（W/2+3）=（B-W）/2+3。

根据人体表面的曲线特征，将腰省总量均衡分配至腰围线，使腰省缝合后的原型立体形态符合人体曲面。腰省总量的绘制方法和分配计算参见表3-2-3、图3-2-3。

表3-2-3　常用的腰省量分配计算表　　　　　　　　　单位：cm

腰省总量 （B−W）/2+3	F	E	D	C	B	A
100%	7%	18%	35%	11%	15%	14%
9	0.63	1.62	3.15	0.99	1.35	1.26
10	0.70	1.80	3.50	1.10	1.50	1.40
11	0.77	1.98	3.85	1.21	1.65	1.54
12 （B84/W66）	0.84	2.16	4.20	1.32	1.80	1.68
13	0.91	2.34	4.55	1.43	1.95	1.82
14	0.98	2.52	4.90	1.54	2.10	1.96
15	1.05	2.70	5.25	1.65	2.25	2.10

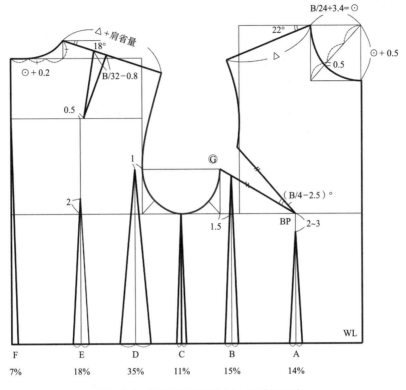

图3-2-3　衣身原型的腰省（1：5比例制图）

图3-2-3中的A省称为前胸腰省或胸下省，由BP点向下做垂线为省道中线，从BL垂直向下取2~3cm为省尖点，在WL上取腰省总量的14%为省量，从中线两侧平均分配。

B省称为前腋下省或前侧腰省：由Ⓖ点垂线与BL的交点向前中线方向取1.5cm，做垂直线为省道中线，垂线与袖窿省的交点为省尖点，在WL取腰省总量的15%为省量。

C省称为侧缝省：侧缝线做为省道中线，与袖窿的交点为省尖点，在WL取腰省总量的11%为省量，从侧缝两边平均分配。

D省称为后腋下省或后侧腰省：从Ⓖ点水平线与袖窿弧线交点水平延长1cm作为省尖点，向下做垂为省道中线，在WL取腰省总量的35%为省量，从中线两侧平均分配。

E省称为背省或后腰省：从肩省的省尖点向后中线方向水平取0.5cm，过该点做垂直线为省道中线，垂线与BL的交点向上2cm为省尖点，在WL取腰省总量的18%为省量。

F省称为后中线腰省：肩省的省尖点水平线与后中线交点作为省尖点，后中线为省道中线，在WL取腰省总量的7%为省道大小（相当于后中线总省量的1/2）。

4. 衣身原型的纸样标注和部位名称

用粗实线描绘原型纸样的外轮廓线和省道线，分别标注前、后片的各部位名称，完成文化式女上装衣身原型的结构制图。

女上装衣身原型的主要部位都有固定的名称，参见图3-2-4。其它上装纸样的部位名称与其大致相同，因为服装纸样上的胸围线并不一定完全对应人体测量时的胸围线，所以服装纸样中的胸围线BL也经常被称为袖窿深线。

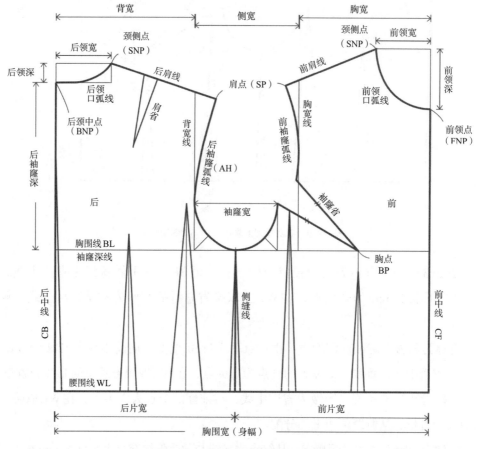

图 3-2-4　上装衣身纸样的各部位名称

三、袖原型制图

1. 确定袖山高与袖山斜线长度

绘制袖原型之前，首先需要用拷贝纸复制衣身原型的前袖窿，拼合前袖窿省，修正前袖窿曲线圆顺。将修正后的前片和后片侧缝拼合，确保拼合后的袖窿弧线圆顺，参见图3-2-5。分别测量前肩点（袖窿拼合后）、后肩点至BL线的净袖窿深，取其中点的高度即为平均袖窿深，计算平均袖窿深的5/6作为袖山高。

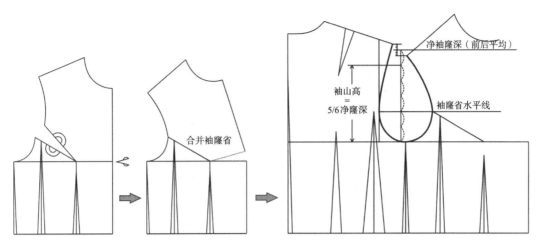

图 3-2-5　衣身袖窿与袖山高

　　测量衣身的后袖窿弧线长度即后AH，测量拼合后的前袖窿弧下段、前袖窿弧上段的长度相加为前AH。根据前后袖窿弧线的长度确定袖山斜线，在此基础上画弧线才能确保袖山弧线的长度与袖窿弧线长度对应。文化式原型的前袖山斜线长度取前AH，后袖山斜线长度为后AH + 1 + 调节量★。调节量★的大小随胸围B而变化，参见表3-2-4。

表3-2-4　原型的后袖山斜线调节量　　　　　　　　　　　　　　　　单位：cm

胸围B	77~84	85~89	90~94	95~99	100~104
调节量★	0	0.1	0.2	0.3	0.4

2. 原型袖的结构基础线（图3-2-6）

① 竖直方向绘制袖中线，长度为全臂长52cm。

② 绘制袖宽线：以袖中线上端为袖山顶点，取袖山高 = 5/6平均净窿深，作水平线向两侧展开。

③ 确定袖宽：从袖山顶点向右侧与袖宽线作斜线，使斜线长度为前AH，作为前袖山斜线；从袖山顶点向左侧与袖宽线作斜线，使斜线长度为后AH + 1 + 调节量★，作为后袖山斜线；两斜线交点之间的距离即为袖宽。

④ 从袖宽两侧的端点向下作垂线为前、后袖缝线。

⑤ 从袖中线下端作袖口水平线，向两侧分别与前、后袖缝线相交。

⑥ 从袖山顶点向下取1/2袖长 + 2.5cm，绘制水平方向的袖肘线EL，分别与前、后袖缝线相交。

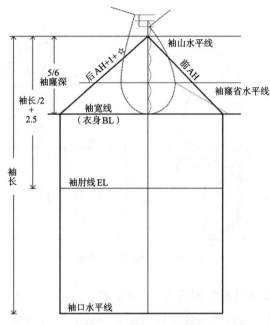

图 3-2-6　原型的袖结构基础线

3. 原型袖的纸样轮廓线（图3-2-7）

① 绘制前袖山弧线：将前袖山斜线四等分，从上方第一等分点作袖山斜线的垂直线，长度1.8~1.9cm作为第一参考点。从袖山斜线与衣身袖窿省水平线（⑥线）的交点沿斜线向上1cm作为第二参考点。将衣身前片与⑥线交点的垂线到侧缝的距离三等分，将靠近侧缝的2/3部分袖窿曲线进行拷贝，翻转曲线作为前袖窿弧线靠近前袖缝线的部分，过袖山顶点和两个参考点，画顺前袖山弧线。

② 绘制后袖山弧线：从袖山顶点沿后袖山斜线取1/4前袖山斜线长，向上作袖山斜线的垂直线，长度1.9~2.0cm作为第一参考点。从袖山斜线与衣身袖窿省水平线的交点沿袖山斜线向下1cm作为第二参考点。将衣身背宽线与侧缝的距离三等分，靠近侧缝的2/3部分袖窿曲线◆进行拷贝，翻转曲线作为后袖窿弧线靠近后袖缝线的部分。过袖山顶点和两个参考点，画顺后袖山弧线，与前袖山弧线保持圆顺。

③ 测量袖山弧线长度，计算袖山缩缝量=袖山弧线长度—衣身袖窿弧长。

④ 确定前袖对位点：在前衣身上测量侧缝至⑥线的袖窿弧长，在前袖山弧线上从前袖缝线开始量取相同的长度，该点和⑥点作为缝合时的对位点。

⑤ 确定后袖对位点：测量后衣身靠近侧缝的袖窿宽2/3部分曲线的长度●，在后袖山弧线上量取相同的长度，作为后袖与衣身缝合时的对位点。

⑥ 用粗实线描绘袖原型的纸样外轮廓线，对位点，完成原型的袖结构图。

⑦ 标注袖子纸样的各部位名称。

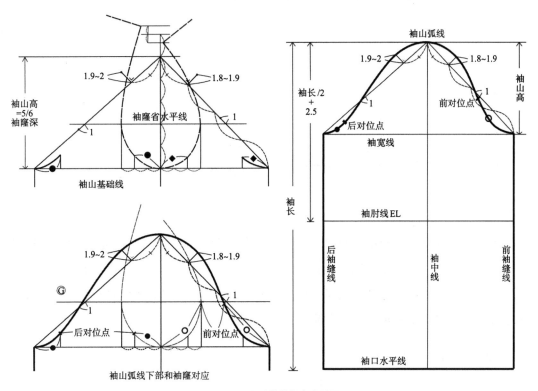

图 3-2-7　原型袖的轮廓线制图

思考与讨论：

1. 原型的制图为什么需要这么多而复杂的计算公式？

2. 衣身原型的前后袖窿形态为什么有明显的差别？

3. 原型袖的袖山弧长和袖窿弧长存在较大的差值，袖山缩缝量的设计有什么意义？

第三节 | 原型衣的制作实践

导学问题:

1. 用原型纸样制作原型衣时,需要修正哪些部位?

2. 原型衣制作时为什么需要按照一定的顺序来缝制?

3. 原型衣试穿后呈现什么样的造型? 是否完全贴合身体?

通过文化式女上装原型的制图,我们初步掌握了服装平面结构制图的方法,根据实际测量的人体尺寸,大家可以绘制自身的1:1比例上装原型纸样。在此基础上根据原型纸样制作原型衣,进行缝制、试穿、补正等实践练习,可以更好地理解原型结构与人体的关系,同时也初步掌握最基础的服装制作工艺技能。

一、原型衣的纸样修正

原型制图完成后,需要对纸样进行核对修正,使每个省道、弧线拼合后都能够平整圆顺,才能够用于原型衣的裁剪。

1. 修正肩线和领口弧线(图3-3-1)

① 用透明纸拷贝后肩线和肩省,将肩省剪开合并或折叠,原本的肩线将呈现凹进的折线状态,从侧颈点到肩点重新画直线。

② 将前片与重新绘制的后片肩线对位拼合,修正肩线长度相等,拼合后的领口弧线前后圆顺,袖窿弧线前后片圆顺。

③ 按照折叠后的直线修剪后肩线,再将纸样展开,则后肩线成为凸出的斜折线形态。

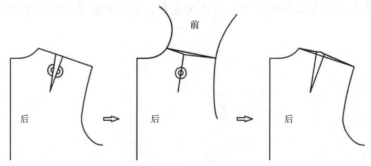

图 3-3-1 原型纸样的肩线和领口弧线修正

2.修正袖窿省（图3-3-2）

用透明纸拷贝前袖窿弧线，将省道部位折叠拼合（参见图3-2-5），按照折叠修正后的曲线修正袖窿弧线。然后将纸样展开，使袖窿省外口的袖窿弧线成为略内凹的折线。

3.修正袖山弧线（图3-3-3）

将袖原型纸样分别沿前、后袖中线向中间折叠，对合前后袖缝线，将前、后袖山弧线的下部拼合，弧线修正圆顺后重新展开，确定修正后的袖山下部弧线。

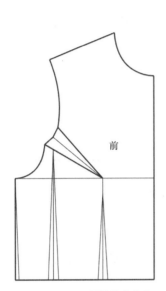

图 3-3-2　原型纸样的袖窿省修正

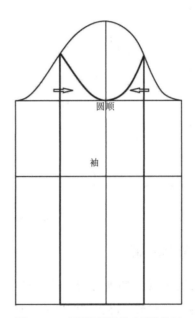

图 3-3-3　原型纸样的袖山弧线修正

二、面料缝头加放和裁剪

使用原型纸样在白坯布上直接绘制净样线，缝头加放量如图3-3-4，裁剪步骤如下，将布料裁成前片、后片、袖片各2片。

①将布料的幅宽对折，确保衣片左右对称，纸样上的经纱符号与布料经纱方向一致。

②衣身后片的基本缝头为1cm，后中线和侧缝以省道线为净样加放1cm，腰线底边缝头2cm，注意侧颈点的缝头角翻转向外。

③衣身前片的基本缝头为1cm，侧缝以省道线为净样加放1cm，腰线底边缝头2cm，前中线贴边缝头3cm。前片侧颈点的缝头角翻转向内，前中线的贴边缝头角翻转向外翘起，与领弧线保持形状对称。

④袖片的基本缝头为1cm，袖口线缝头2cm。

⑤ 在前片与前袖对位点、后片与后袖对位点分别画出标记点，或在裁片上打剪口标记。

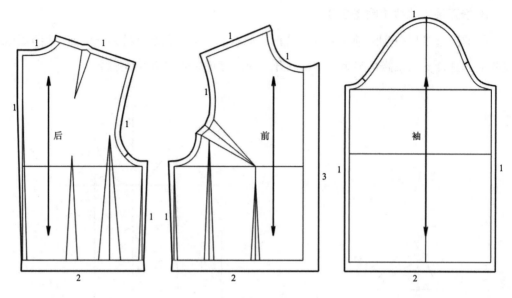

图 3-3-4　原型衣的缝头加放

三、原型衣缝制

① 缝合省道：将所有的省道按照净样线对位，省尖点回针或手工打结，腰省向中线方向倒烫，肩省和袖窿省按照纸样设计方向倒烫。

② 缝合后中线，向一侧倒烫。

③ 缝合肩线，向后片倒烫。

④ 缝合侧缝线，向前片倒烫。

⑤ 折烫腰线底边

⑥ 折烫前中线贴边。

⑦ 领口缝头打剪口，深度约0.7cm，将缝头向内折烫（较稀薄的面料先在领口反面粘烫纸衬）。

⑧ 缝合前后袖缝，向后侧倒烫，袖口的底边缝头向内折烫。

⑨ 将袖山弧线前后对位点以上的部分在缝头内0.5cm处缩缝，收褶均匀细密，熨烫平整，使净样线位置平整无明显褶皱。

⑩ 将袖山弧线与衣身袖窿缝合，注意肩点、袖底缝、前对位点、后对位点在缝合前珠针对位，缝合时袖子在下袖窿在上，缝头向袖子方向倒烫。

四、原型衣试穿补正

将缝制完成的原型衣熨烫平整，试穿原型衣时仅穿着合体胸衣，观察原型衣与体型的吻合度。重点观察部位包括：

① 领口与人体颈根围是否相符？

② 肩线斜度和长度与人体肩部是否相符？

③ 省道缝合部位是否平服？

④ 从正、背、侧面观察腰线是否保持水平？

⑤ 衣身是否有明显的褶皱？在什么部位？

⑥ 手臂自然下垂时袖窿和袖山部位呈现什么造型？

根据试穿观察时发现的问题，直接在人体上用立体裁剪方法进行造型补正，确保补正后的原型衣外观完全符合个人体型。然后根据合体补正后的原型衣片，在原型纸样上进行对应的修正制图，就可以得到适合的个体原型。

练习：

制作完成自身人体尺寸的文化式上装原型衣，并进行试穿分析实践。

第四节 | 原型的结构设计与人体

导学问题：

1. 原型的胸围宽松量根据什么确定？

2. 原型的袖窿设计需要考虑哪些因素？

3. 原型的省道有什么作用？

一、原型衣身的整体形态

1. 身幅与胸围宽松量

原型的整体胸围宽度（身幅）设计为B/2 + 6cm，则胸围的总放松量为12cm，常规的合体服装胸围宽松量为8~10cm。这是由于原型的整体宽度是根据包裹上半身的立体形态而确定的，在三维人体扫描测量的基础上，以人体上半身所有水平断面的最大值（外包围）为依据而设定，从而确保原型穿着后的所有部位都能够自然平展地包裹人体，如图3-4-1。

原型的胸围宽度设计不仅仅是简单意义上的胸围活动松量，而是确保衣身整体形态平衡的必要尺寸。由于原型在胸围线上也包含一定的省量，当所有的省道都缝合后，胸围线上的实际放松量约为8~9 cm，足以满足人体的正常活动需要，属于较合体的胸围宽松量设计。

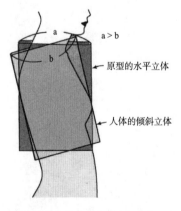

图3-4-1　人体上半身的水平断面形态

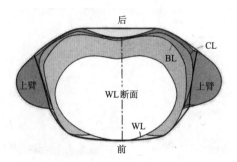

图3-4-2　原型衣身与人体的立体方向

2. 上半身的体轴方向与腰线

人体的脊椎为曲线结构形态，上半身的体轴呈现前倾的斜度，并且颈椎、胸椎、腰椎、尾椎与盆骨一起构成人体纵向的S形轴线。文化式原型所设计的上半身整体形态为水平的立体结构，原型的前后中线并非与人体轴线一致，而是采用垂直/水平方向的立体结构，使原型穿着时从侧面观察的腰线呈现水平状态，其实与人体的上半身体轴方向并不相符，参见图3-4-2。

当服装的长度位于腰线之下时，原型这种垂直/水平的轴线结构更容易与人体重心达到整体平衡，因而原型适用于各种常规的服装款式纸样变化应用。反之对于上半身高度合体的礼服类款式，可能更适合采用与体轴一致的立体构成方式以与下半身的裙造型拼接。

3. 领口弧线

原型的领口弧线由前领口弧线和后领口弧线共同构成，在肩线缝合，是沿着颈根围而设计的圆顺曲线，参见图3-4-3。

人体颈根围的前后厚度和左右宽度可以通过马丁测量仪直接测量获得，服装纸样设计中实际很少采用实测数据。文化式新原型采用胸围的比例（B/24）+*常数的形式，作为领口宽和领口深的计算公式，这一组公式是进行了大量人体测量和统计归纳之后的优化结果，适用于大多数的青年女性体型。

人体的颈根围并非是曲率一致的正圆曲线形态，而是在后颈中部和前领中部相对平缓，靠近肩线侧面的转折部分曲度相对较大，因而在领口弧线制图时设计了对应的参考点，以确保领口弧线符合人体颈根围的曲度。

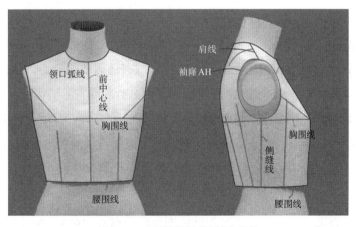

图3-4-3　原型各部位的形态与结构

4. 肩线

文化式原型的肩线制图根据前肩斜角度22°、后肩斜角度18°而确定，理论上的肩线设定位置在肩棱线（肩部最高的位置）向前0.4cm。但事实上胸围相等的两个人，个体肩部的骨骼和肌肉差异很大，造成实际肩部的宽度、斜度、厚度等外观形态可能完全不同。因而对于个人而言，往往需要进行试穿和纸样修正才可以达到理想的肩线设计效果。

5. 袖窿

原型胸围线上的身幅宽度被分为胸宽、背宽和侧宽三个部分，其中纸样的胸宽和背宽设计可以测量人体的胸宽和背宽数据而获得，也可以采用胸围的比例进行计算从而简化测量程序。文化式原型采用B/6的比例系数作为计算公式，是人体测量统计后获得的相关系数。将袖窿省道的宽度去除后的侧宽剩余量即为袖窿宽，也就是原型缝合穿着时的实际袖窿宽度。

合体服装的袖窿深通常略低于人体腋窝点，这样缝合袖子之后才能方便手臂活动，文化式原型的袖窿深约位于腋窝以下2cm。实际服装制图时的袖窿深可以通过测量后颈中点到腋窝水平线的距离而获得（在男装结构设计中常用此方法）；也可以采用胸围的比例进行计算，如文化式原型采用B/12的比例作为后袖窿深的计算系数。

原型的袖窿经过肩点、人体前腋点、后腋点，形成前窄后宽的椭圆形袖窿弧线，弧线的上部基本贴合人体肩关节表面，底部形成自然下落的松量，并且前袖窿比后袖窿的内凹弧度更大。

二、原型的省道设计

1. 袖窿省和肩省

上装的重量受力主要由人体的肩部、前身至胸凸、后身至肩胛的部位承担，形成贴合人体的自然曲面，如果服装不完全合体则会在这些部位形成褶皱。因而在原型的结构设计中，不仅肩线的宽度和斜度需要符合人体肩线，还需要符合肩部前后的曲面形态，这样才能确保穿着时平整合体，因而原型采用了袖窿省和肩省的结构设计。

如图3-4-4所示，将原型包围结构的上方坯布推向身体的方向，使平面转化为符合人体的曲面，捏合胸围以上多余的面料，就形成了原型相应的省道。前身省道位于袖窿中下方即为袖窿省，后身的省道位于肩线即为肩省。

2. 腰省

当所有的腰省缝合后，文化式原型的腰围宽松量设定为6cm，略小于收省后的实际胸围宽松量（≈8~9cm），属于半紧身式原型造型。

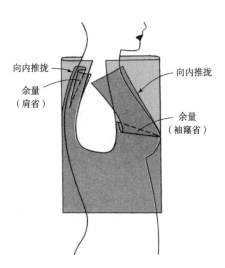

图3-4-4　肩省与袖窿省的形成

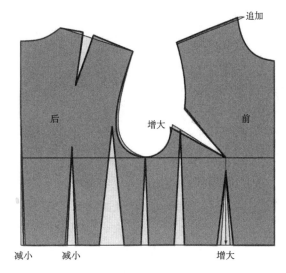

图3-4-5　胸部丰满体型的腰省调整

　　腰省总量根据胸腰围差确定，计算公式为（胸围 B－腰围 W）/2 + 3，根据人体的曲面弧度可分为多个省道，省量大小不同，省中线都垂直于腰线，确保收省前后的腰线保持水平。

　　文化式原型的腰省分配比例是基于人体实测数据的统计分析，计算胸围宽与腰围宽在身体主要曲线转折部位的差量而获得。由于种族、年龄、体轴倾斜度等因素不同，个体原型所适用的实际腰省分配比例存在较大的差异，如胸部丰满的体型应当适当增大前片的胸腰省，减小后片腰省量，如图3-4-5。由于体轴倾斜角度的存在，总体而言，原型后身的腰省总量通常大于前身的腰省总量。

第四章

原型的应用变化

生活中所穿着的服装款式造型多样，绝大多数都可以应用原型进行变化而获得其平面结构纸样。用同样的上装原型进行不同尺寸的增减和局部线条形态变化后，可以获得各种不同廓形的衬衫、外套等纸样。通过纸样的剪切方法进行省道转移、分割、增加褶皱等方式，还可以完成更复杂的服装内部结构变化，从而使服装的立体造型更加丰富。

第一节 | 从原型到服装纸样的基本变化

导学问题：

1. 服装的廓形和内部结构与纸样形态有什么关系？

2. 平面结构的服装衣片通过什么方式能够符合人体的立体曲面体态？

一、服装廓形与纸样外轮廓

服装的廓形在很大程度上是由平面纸样的外轮廓形态所决定的，纸样的各部位尺寸直接确定了服装的长度、宽度、比例、体积、造型线条等整体形态要素。

1. 服装的廓形变化与原型

服装廓形的流行随着社会意识和生活方式的变化而不断演变，从20世纪初强调女性生理特点的"S"形，到20世纪20年代保罗·波烈所推崇的解放女性紧身曲线的束缚呈直线廓形的风格，再到第二次世界大战后迪奥的X廓形"new look"造型、80年代的女装设计男性化倾向的T廓形风格、90年代的修身剪裁的风格等。当今时尚中的服装廓形设计比历史上任何时期都更丰富多变，也意味着现代服装设计中的纸样外形具有多种多样的结构形态。

不同廓形的服装有着不同的纸样外形，我们了解原型的立体形态后，按照实际需要对原型纸样进行尺寸的增减变化，主要是长度、围度和轮廓线型的变化，就可以获得相应的服装纸样外形轮廓。从原型到具体服装款式的纸样变化方法针对每款服装而各自不同，可以参见本书后面章节中的纸样设计实例。

2. 上装的长度变化

上装的衣身长度设计通常以腰节线、臀围线或腿根位置为参照对象，女上装底边位置在腰节线附近的造型为短款，在臀围线附近的为中长款，到腿根以下的为长款。确定衣身纸样的长度时，通常从原型腰线向下增加所需要的造型长度，也可以先从原型向下取腰长确定臀围线位置，再按照造型需要适当抬高或降低，设定适当的衣身长度。

上装的袖长通常从肩点向下量取，可以参照人体全臂长、肘长的测量数据，由于袖原型与手臂的合体度不高，衣身的袖窿也经常在原型基础上进行变化，袖子纸样通常不使用原型而是直接制图，按照造型需要确定袖长度。

3. 衣身的围度变化

服装廓形的松紧程度主要由衣身围度的宽松量而决定，对于上装首先是考虑最容易贴合身体的胸围宽松量。最基本的胸围变化时保持纸样的前、后中线不变，在侧缝增加或减小宽度，从而调整胸围大小，达到适当的造型宽松量。

经过了原型衣的制作和试穿，我们已经充分了解文化式上装原型的合体形态特征（对应胸围基本设计松量12cm，收省后的胸围放松量约8~9cm，腰围放松量6cm）。在此基础上，如果需要更加宽松的服装造型，则将原型的胸围和腰围适当增加；需要更合体的造型时，则将胸围和腰围适当减小；当衣长较长时还需要考虑臀腹部坐姿、下蹲等活动所需要的放松量而适当调整。

4. 局部轮廓线型

服装廓形除了衣身的长短、松紧之外，还涉及肩部、领口、袖窿等部位的局部轮廓线型。文化式原型在这些部位的形态接近于人体的自然体表弧线形态，因而可以根据服装所需要的造型，直接在原型上进行肩线长度、角度的调整，改变领口的高度、宽度、曲线形态，也可以结合胸围变化对袖窿进行细微的调整，基本不影响服装穿着的功能性。

二、服装的内部结构变化

服装的内部结构变化主要包括结构分割、省道和褶皱的设计，其一方面直接影响着服装的局部外观形态，同时也会对着装后的立体造型有着明显的影响。

1. 结构分割

当服装的整体廓形不变时，可以根据造型需要进行灵活的结构分割变化，领子、袖子和衣身的分割是依据人体而确定的最常见的结构分割形式。原型的衣身从侧缝分割为前片和后片两部分，前片宽度略大于后片，这种分割结构是根据相应的省道设计而确定，并非固定唯一的结构分割形式。事实上，宽松造型的服装前片和后片的胸围宽度通常相等，甚至后胸围可以大于前胸围，肩线也不一定位于人体的肩线位置。

在理解服装的结构分割时，我们首先需要建立整体衣身形态的概念，而不是单独的前片和后片，这样才有更多的结构变化方式。在功能合理的前提下，结构分割时保持服装的基本廓型不变，即不改变整体衣身的长度和围度，可以将每个纸样进行任意拼合、分割，形成多个新的衣片形态，结合不同的色彩和面料组合，就能形成更丰富的服装内部形态变化，参见图4-1-1。

图4-1-1 服装的内部结构分割

2. 省道

在衣片结构中加入省道设计，缝合后可以使平面的衣片呈现立体化造型，省道缝合线外观较为隐蔽，不影响面料的整体感。省道是塑造符合人体曲面的合体造型的重要设计元素，在女装中应用广泛，并且有着大量的变化形式。

文化式原型的省道设计为高度合体的结构形态，均衡分散在人体的各个曲面。实际服装的合体程度大多数没有原型那么合体，总体省量通常小于原型，省道的数量也相对较少。

宽松式造型的服装结构设计可以减小或者取消省道，依靠面料自然垂落贴体而符合人体形态。平面化的宽松式服装往往更适合使用较为柔软悬垂的面料，才能在人体的曲面转折部位形成自然堆积的流畅褶线，例如，中国传统的平面结构服装多用丝绸面料，具有独特的设计风格。

3. 褶皱

褶皱是服装内部结构变化的重要设计方法之一，与省道相比较而言，褶皱部位不完全贴合身体，使服装富于动感，具有多层次的立体化装饰效果。服装褶皱的形态多样，对结构设计有影响的主要是垂褶、缩褶、定位褶和堆积褶四类，参见图4-1-2。

垂褶也称波浪褶，适用于柔软、悬垂性良好的面料，利用自然下垂的面料松量来形成褶皱，从固定位置向宽松下垂方向产生自然随意的褶纹线条，如波浪裙摆、宽松堆领等，具有优雅、飘逸的女性化风格，富于动感。

缩褶也称为碎褶或皱褶，是将面料在缝制时自然地折叠、收缩，形成不规则的自然皱缩线条，具有蓬松柔和、自由活泼的造型特点。缩褶的褶皱位置和大小并不确定，褶皱外观效果受到面料性能影响很大，收褶量通常按照成型后的褶边线长度增加适当比例而确定。

垂褶　　　　　　　　缩褶　　　　　　　　定位褶　　　　　　　　堆积褶

图4-1-2　服装内部结构的褶皱类型

　　定位褶也称为褶裥或规律褶，是将面料折叠定型后形成平整规律的层叠，外观表现出有秩序的动感特征，造型规整而庄重。规律褶有确定的褶裥位置、大小和折叠方向，服装造型中经常将多个褶裥组合应用，如普力特褶（Plait）、塔克褶（Tuck）和工字褶等。

　　堆积褶是将布料从多个不同方向进行堆积与挤压，呈现出疏密、起伏变化的立体褶线和纹理，具有很强的立体感，适用于对设计部位的强调和夸张造型。由于面料性能和操作手法对堆积褶的外观影响很大，很难通过平面的纸样设计来确定穿着后的立体效果，堆积褶更适合采用直观的立体裁剪设计。

　　褶皱的结构设计方法相对复杂，既影响服装衣片内部的纸样剪切、分割，也涉及到衣片纸样的轮廓线重构。同时服装材质的厚度、硬度、悬垂度都会影响着装后的褶皱形态，因而所采用的平面结构纸样也有所差异。

项目练习：

1. 收集服装外部造型变化的设计实例3~4款，包括实物图片、效果图和结构图。
2. 收集服装内部结构变化的设计实例图片，省道、分割线、褶皱的应用各3~4款。

第二节 | 原型的省道变化

导学问题：

1. 应用原型进行省道的变化主要有哪些方法？

2. 用分割线代替省道的设计有什么优点？

3. 褶皱的结构设计与省道有什么关系？

一、省道转移和消除的原理

在女装结构中，省道是确保服装与人体曲面相符的重要设计元素，尤其适用于突出胸部而收缩腰部的合体造型，强化人体曲线美，因而省道变化是女装结构设计中进行纸样技术处理的基础环节。

1. 省道的分布和形态

在立体裁剪的过程中，省道是平面布料包裹人体曲面时，将多余的部分布料折缝而形成的，因而具有与人体曲面形态相对应的构成形式。原型的省道设计非常接近人体自然曲面的形态，包含有若干个分配均衡的省道，具有一定规律的构成比例。根据服装款式的不同，衣身省道的分布位置可以和原型不同，但应该符合以胸凸和肩胛凸为中心的人体曲面形态。

如图4-2-1，衣身前片省道设计的方向通常指向胸点BP，省道的位置和角度与人体曲度相对应，省道主要分布在从领口到腰线的范围内，即图4-2-1中前片的阴影部分位置。按照省道开口的不同位置，可以分为领省、肩省、袖窿省、侧缝省（也称肋省）、腰省、前中线省等，其中接近水平方向的前中线省道只适用于衬衫、连衣裙等贴身服装的合体造型。

衣身后片的省道设计可以分为上下两部分，参见图4-2-1中的后片阴影部分位置。上部肩背位置以肩胛骨位置为中心，但没有像前片BP一样明确的凸出点，省道的位置与人体曲度相对应，主要分布在从领口到袖窿水平线的范围内。下部腰背位置的省道按照胸围与腰围差进行均衡分配，收省方向基本保持竖直，从而形成自然内收的水平腰线形态。

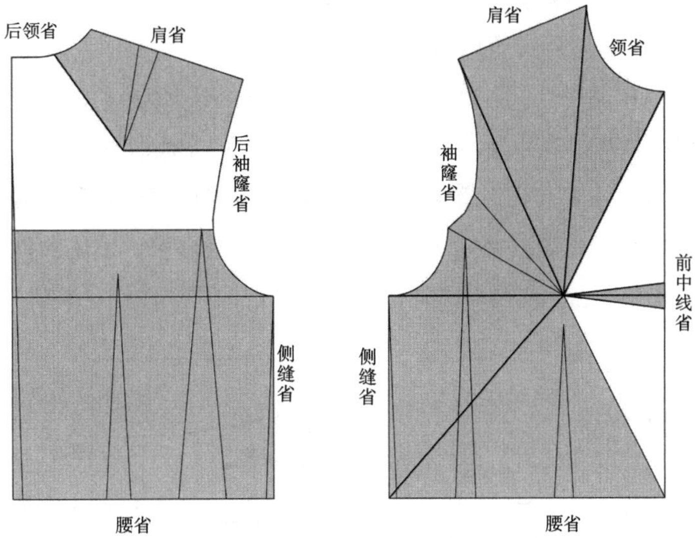
后领省
肩省
后袖窿省
侧缝省
腰省
肩省
领省
袖窿省
前中线省
侧缝省
腰省

图4-2-1　女装衣身的省道分布

无论省道分布在哪里，省道的设计都包含方向、省尖点、省量、长度、线型等形态要素。

省道方向是指省道中心线的方向，通常指向凸点。省尖点往往并不直接位于人体的凸点，而是距离凸点略有距离，使缝合形成的曲面更加自然柔和。

省量的大小可以根据省道两边夹角或者省端开口的宽度距离而确定，省道角度根据人体曲度而设计，由于衣片边沿到省尖点的距离不同，同样的夹角所对应的收省尺寸往往不同。

省道两边需要缝合的线长度必须相等，如果根据衣片初始形态所绘制的省道两边长度不等时，则需要进行相应的纸样轮廓线修正。省道缝合后的线型可以是直线、曲线或折线，如图4-2-2。由于省道缝合后不具有明显的装饰效果，而直线省的缝制工艺更简单，因而服装大多数采用直线造型的省道。

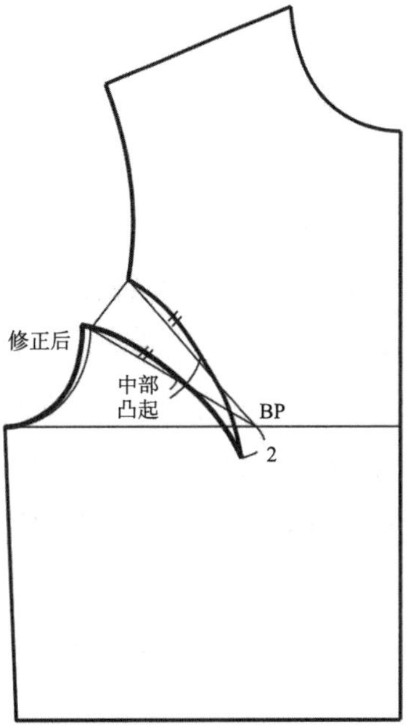
修正后
中部
凸起
BP
2

图4-2-2　省道的曲线形态

2. 省道转移和消除的方法

从几何图形的变化规律来看，在不改变省尖点的前提下，只要省道的角度总量不变，无论是变化省道位置，还是将省道总量分散，最终省道的角度总量不会改变，所形成的立体外形始终相同。这意味着用省道转移和消除的方法，可以在不改变整体廓形的情况下，获得不同形式的内部省道结构。

对于省尖点不在纸样外轮廓线上的省道，省道转移时必须确保省尖点位置不变，通常有两种纸样操作方法，参见图4-2-3、视频4-1。

剪切法：将新设计的省道位置剪开至省尖点，合并原有的省道。剪切法的纸样外轮廓线变化始终清晰可见，更直观而容易理解，适用的款式和省道变化形式多样，但需要对纸样进行破坏和重构，操作相对繁琐。

视频4-1

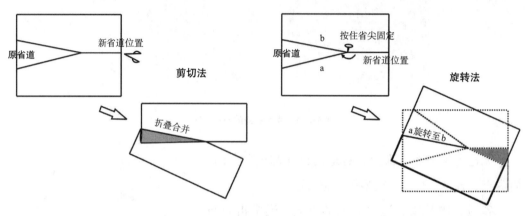

图4-2-3　省道转移的纸样操作方法

旋转法：先画出新设计的省道位置，按压省尖点不动，旋转纸样使原有的省道边线重合，然后只需要重新描画新省道到原省道之间的轮廓线。旋转法不需要破坏纸样，操作简便，但只适合常规性的单一省道转移。

原型具有合乎于人体曲面角度的廓形，同样可以按照几何概念的展开规律进行省道构成的变化。利用已经完成的原型省道，通过纸样的省道转移方法进行省道位置变化，可以形成不同的省道形态，既保持服装廓形基本不变，同时又可以使纸样的绘制更有效率。

当省尖点位于纸样外轮廓线上时，可以直接消除省道，如原型的侧缝、后中线可以直接减去省量作为纸样的轮廓线，不需要单独缝合省道，合体造型不变。

原型的省道也可以保留在最终的服装纸样内，不进行缝合，外观上没有省道，从而比原型增加更多的宽松量，则缝合后的服装廓形会发生改变。

二、原型省道变化的应用实例

省道转移的方法广泛应用于女装结构设计，在此以衣身原型为基础，不改变肩线、袖窿、侧缝、腰线等外轮廓造型，通过结构纸样的变化实例来介绍省道转移的应用。

1. 前片收侧缝省和腰省的省道转移（图4-2-4、视频4-2）

① 根据造型确定位于侧缝的省道剪切线位置，剪开至BP点。

② 将原型的袖窿省折叠合并，使纸样的开口位置转移到侧缝。

③ 将原型的前侧腰省（前腋下省）折叠或剪开拼合，在纸样侧缝开

视频4-2

口的上下分别拼合，使胸围线和腰围线呈现略向下的折线。

④ 绘制侧缝省，省尖点距离BP点2.5cm，从侧缝开口位置绘制省道两边长度相等。

⑤ 绘制腰省，省尖点距离BP点2.5cm，与原型腰省形态相同。

⑥ 根据剪切后的纸样和省道开口补正的形态画出前衣片新的轮廓线，前中线连裁。

⑦ 标注纸样名称和纱向。

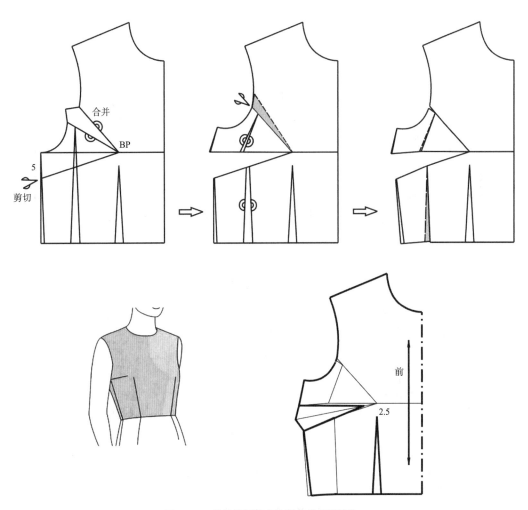

图4-2-4　前片收侧缝省和腰省的省道转移

2. 前片收领省和腰省的省道转移（图4-2-5）

① 消除前侧省：将袖窿省剪开至腋下省尖位置，原型的前侧省折叠拼合，拼合后的胸围线和腰线略向下呈折线。

② 1/2袖窿省转移至腰部：沿原型腰省位置剪开至BP点，将原型袖窿省的1/2合并，纸样开口转移到腰线原省道位置。

③ 1/2袖窿省转移至领部：根据造型确定领省的剪切线位置，剪开至BP点，将原型剩余的1/2袖窿省合并，使纸样开口转移到领口线中部。

④ 绘制腰省和领省：省尖点距离BP点2~4cm，省道两边长度相等，注意腰省包含原型省量和纸样开口量。

⑤ 绘制纸样制成线：根据剪切后的纸样和省道开口补正的形态画出前衣片新的轮廓线，前中线连裁，标注纸样名称和纱向。

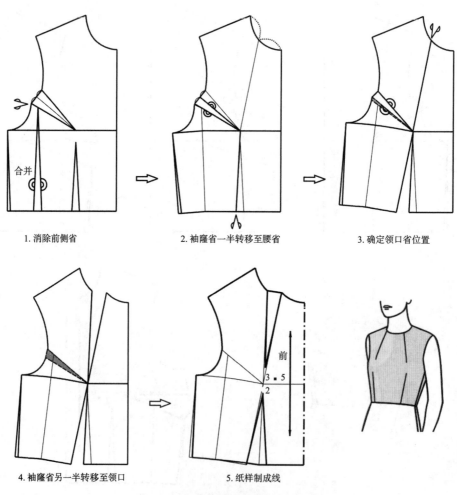

1. 消除前侧省　　　　　2. 袖窿省一半转移至腰省　　　　　3. 确定领口省位置

4. 袖窿省另一半转移至领口　　　　　5. 纸样制成线

图4-2-5　前片收领省和腰省的省道转移

3. 前中开门襟收省结构（图4-2-6）

① 消除前侧省：将袖窿省剪开至腋下省尖位置，原型的前侧省折叠拼合，拼合后的胸围线和腰线略向下呈折线。

② 袖窿省转移至前中线：根据造型确定前中水平分割线位置，沿分割线及其垂线剪开至BP点，将原型的袖窿省合并，纸样开口转移到前中线。

③ 胸腰省转移至前中线：将原型的胸腰省合并转移至前中分割线，前中线上部呈斜线，使纸样的前中线开口增大。

④ 增加上部门襟造型的前中线叠门量，不可超过前中线的延长线。

⑤ 绘制纸样制成线：根据剪切后的纸样画出前衣片新的轮廓线，前中线下部为连裁线，在前中线上部的门里襟锁眼钉扣。

⑥ 为了使纸样结构更直观，将左右两侧纸样对称拼合，则成为图中的整体衣片形态。

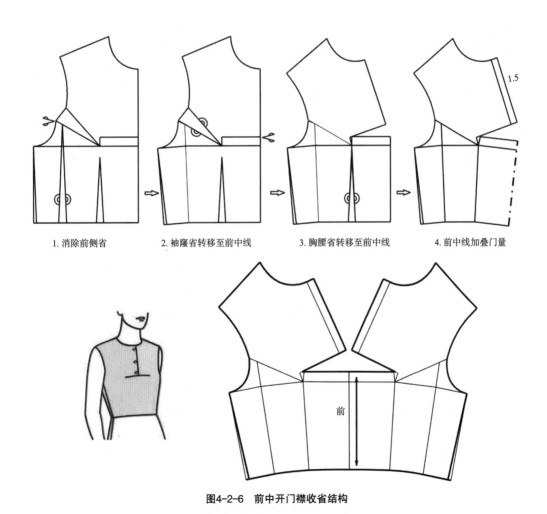

1. 消除前侧省　　2. 袖窿省转移至前中线　　3. 胸腰省转移至前中线　　4. 前中线加叠门量

图4-2-6　前中开门襟收省结构

4. 不对称的斜线省道造型（图4-2-7）

① 消除前侧省：将袖窿省剪开至腋下省尖位置，原型的前侧省折叠拼合，胸围线和腰线略向下呈折线。

② 腰省转移：原型的胸腰省合并，将袖窿省下边线剪开至BP点，使纸样的袖窿省下方增加开口。

③ 确定斜线省造型：根据腰省转移后的纸样形态复制左侧并拼合，根据造型确定两条平行的斜线省分割位置，分别与左右BP点相交。

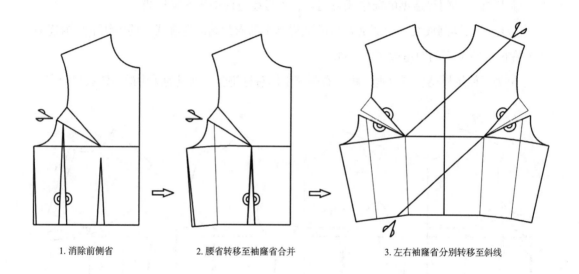

1.消除前侧省　　　　　2.腰省转移至袖窿省合并　　　　　3.左右袖窿省分别转移至斜线

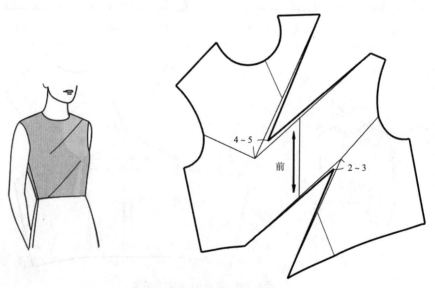

图4-2-7　不对称的斜线省道结构

④ 右侧袖窿省转移至左肩：将原型的右侧袖窿省和纸样的开口量一起合并，纸样开口转移到左肩线。

⑤ 左侧袖窿省转移至右腰线：将原型的左侧袖窿省和纸样的开口量一起合并，纸样开口转移到右边腰线。

⑥ 绘制纸样制成线：根据剪切后的纸样画出前衣片新的轮廓线，省尖点与BP点保留一定距离，以前中线的中段方向作为经纱方向。

5. 后肩省的转移消除

当衣身的后肩省量较小时，可以将肩省取消，省量转化为面料的缩缝量，将后肩线和前肩线的长度差（省量）在缝合时进行均匀地吃缝，使缝合后的肩线长度相等，外观平整而贴合人体肩部的曲度，常用于女装外套的结构设计，适用于较松软的面料。

后肩省常用的转移消除方法如图4-2-8：将原型的后肩省3等分，2/3肩省量转移到袖窿成为袖窿松量，1/3肩省量保留作为肩线的缩缝量，重新绘制完成的后片不再具有肩省结构形态，但仍然能够形成贴合肩背部的合体曲面，袖窿弧线比原型的袖窿增加了部分松量。

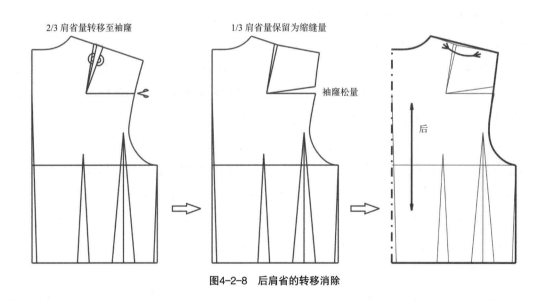

图4-2-8　后肩省的转移消除

第三节 | 分割线的结构设计应用

导学问题：

1. 服装的分割线从结构上分几种类型？

2. 分割线包含省道的设计有什么优点？

3. 合体结构分割线的形态设计有什么要求？

一、分割线的结构分类

服装的整体廓形通常需要根据款式分割成多个衣片，分割线设计也就是确定衣片的分解组合方式，然后再进行拼接缝制。服装的分割线形态多样，根据衣片的构成形式可以分为装饰性分割线和结构分割线两大类。

1. 装饰性分割线

装饰性分割线是指纯粹按照视觉造型效果而设计的分割线，添加装饰性分割线不改变服装的整体造型，分割线两边的纸样轮廓线形态一致。

装饰性分割线的形态多样，设计自由灵活，直线、曲线、折线、组合线型等形态均可。当分割线较密集或者转折角度较大时，需要考虑面料性能和相应的缝合工艺，确保分割线拼合后的外观平整，内部缝头形态受力稳定。

装饰性分割线的设计可以在前片或后片内单独完成，也可以将衣身视为一个整体，将原有的前、后身衣片轮廓线部分拼合后，重新进行分解组合，形成更加独特而多样化的服装内部结构变化。如衬衫常见的过肩育克分割，就是将前肩分割后的小片与后育克拼合，形成更加平整自然的肩线形态，同时在视觉上更加强调肩部的宽度和厚度，适合偏向于男性化的设计风格（参见第八章的宽松型休闲女衬衫纸样设计实例）。

2. 包含省量的合体结构分割线

服装的合体结构分割线是指具有塑造曲面造型功能的分割线，分割线包含省量设计，在分割线位置将省量直接修剪掉，分割线两边的纸样轮廓线形态不同。

包含省道的合体结构分割线设计方法也被称为连省成缝方法。与直接缝合省道的工艺方法相比较，连省成缝的设计在缝合和熨烫时更加简便，较厚的面料可以采用缝头分烫、打剪口等处理，外观更平整美观，因而秋冬外套的合体结构更多采用连省成缝的设计方法而不用省道。

如图4-3-1是以原型为基础的三开身合体结构分割线设计变化，根据造型需要，将衣身的整体形态从偏向于平面化的前、后身分割结构，改为更偏向于立体化的前、后、侧面分割结构。

① 在前片靠近胸宽线的位置设计分割线，原型前侧腰省的位置平移调整，省量不变。

② 在后片靠近背宽线的位置设计分割线，原型的后侧腰省位置和省量适当调整。

③ 沿调整后的前、后侧腰省道两边分别剪开，分割后的原衣身纸样分别作为新的前、后片。

④ 将剪切后的前、后身侧面剩余部分的纸样拼合，成为单独的侧片，以原侧缝线的方向作为经纱方向。

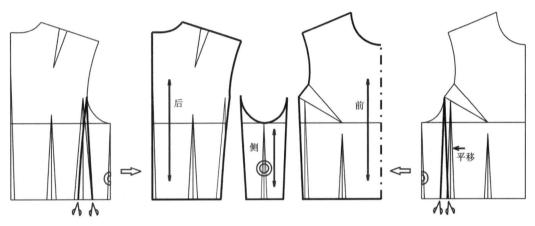

图4-3-1　衣身的三开身合体结构分割线设计

二、合体结构分割线的应用实例

1. 直线式公主线分割设计

女装中经典的公主线分割通常经过人体凸点附近，服装的前后身都可以设计公主线，将前片和后片各自分为左右两部分，整体廓形合体流畅。直线式公主线包含肩省和腰省，连接成为相对平直的弧线，结构设计方法参见图4-3-2、视频4-3。

① 消除前后侧腰省：原型的前、后侧腰省折叠合并，将袖窿至省尖位置剪开，拼合后的胸围线和腰线略向下呈折线。

② 前分割线位置：将前胸腰省平移，距离BP点垂线1~2cm，分割线两边经过平移后的腰省。

视频4-3

③ 袖窿省转移：将原型袖窿省的1/2转移至分割线腰部，剩余的1/2袖窿省转移至分割线肩部，腰省和肩省的分配比例可以根据造型需要而适调整。

④ 后分割线位置：按照前肩的分割线确定后分割线，肩部对齐，平移肩省至分割线位置，后腰省平移1~2cm，画顺后片的分割线两边造型。

⑤ 画出衣片新的轮廓线，前身和后身各分为两片，经纱方向与胸围线保持垂直。

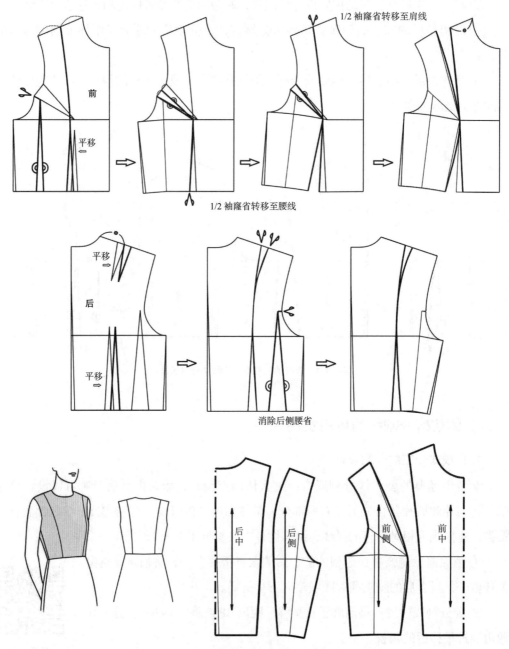

图4-3-2　直线式公主线分割的结构设计

2. 曲线式公主线分割设计

曲线式公主线比直线公主线的造型弧度更大，形成柔美圆顺的人体曲面，也称为刀背缝设计。其前身分割线包含袖窿省和腰省，后身分割线仅包含腰省，结构设计方法参见图4-3-3。

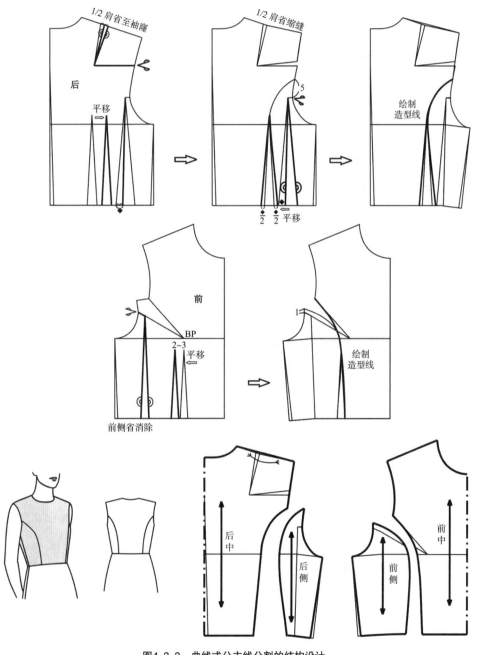

图4-3-3　曲线式公主线分割的结构设计

① 原型前身的侧腰省折叠合并，将袖窿至侧腰省尖剪开，胸围线和腰线略向下呈折线。

② 将前片腰省平移，距离BP点垂线2~3cm。

③ 根据造型需要确定袖窿处的省量和分割线，与腰省连接弧线圆顺，分割线两边长度相等。

注意：曲线式公主线所包含的袖窿省量通常比原型适当减小，可以将一部分袖窿省作为袖窿松量，也可以将部分袖窿省量转移至腰线，使衣身整体造型更加流畅合体。

④ 原型后身的后肩省等分，1/2省量转移成为袖窿松量，1/2省量保留作为肩线的缩缝量。

⑤ 根据造型确定后袖窿的分割线位置，将后腰省平移至分割线。

⑥ 后侧省量的一部分折叠合并，胸围线和腰线略向下呈折线。

⑦ 后侧省剩余的省量平移至分割线两边，使分割线处的腰省量加大，造型更合体。

⑧ 重新画顺后片分割线，弧线圆顺，分割线两边长度相等。

⑨ 画出衣片新的轮廓线，前身和后身各分为两片，都以中线方向作为经纱方向。

3. 省道和分割线并用的设计

当分割线的位置距离BP点、肩胛骨等人体凸点较远时，可以在分割线上再次采用省道转移，外观呈现分割线和省道同时存在的形态。如图4-3-4为前身结构分割线加省道的设计：

① 根据造型确定过袖窿和腰线的分割位置，袖窿省取3等分点，胸腰省平移至分割线，画顺分割线，两边长度相等，分别剪开。

② 将原型前侧腰省合并消除，胸围线和腰线略向下呈折线，靠近袖窿的分割线上部按照剪切后的位置重新画顺。

③ 画出前侧衣片的轮廓线，以胸围线垂直方向作为经纱方向。

④ 根据造型确定分割线上的省道位置，在前中片上剪开至BP点，将原型剩余的2/3袖窿省转移至分割线上的省道位置。

⑤ 省尖点距离BP点1~2cm，画出前中衣片的轮廓线，绘制省道和经纱方向（裁片A）。

注意：由于分割线上实际需要缝合的省量很小，如果采用较松软、弹性较好的面料，可以用归烫、缩缝工艺取代省道结构，使缝合后的立体造型不变，外观无省道，参见图中裁片B。

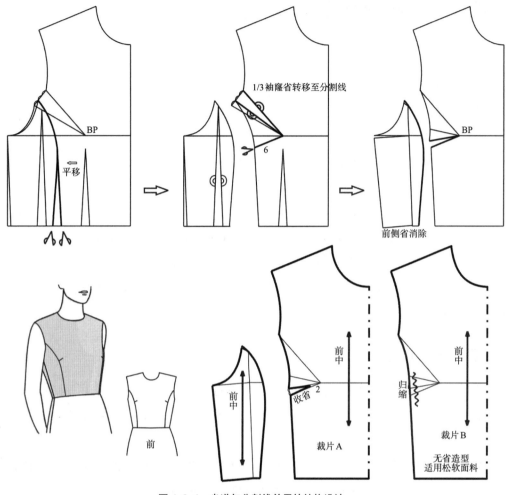

图 4-3-4　省道与分割线并用的结构设计

图中标注：1/3袖窿省转移至分割线　平移　BP　6　前侧省消除　前　前中　收省　2　裁片A　归缩　前中　裁片B　无省造型　适用松软面料

项目练习：

1. 收集省道转移和结构分割线变化的造型与结构设计资料。

2. 自由设计分割线造型，完成连省成缝的原型纸样变化。

第四节 | 褶皱的纸样变化

导学问题：

1. 褶皱的结构设计与省道有什么关系？

2. 采用缩褶和定位褶的纸样设计有什么区别？

褶皱是女装设计中的重要装饰手法，由于波浪褶可以采用直接制图方式，下摆宽大，通常不适用于合体衣身造型，因而本节使用平面纸样剪切方法进行褶皱的设计，主要呈现缩褶和定位褶形态。根据褶量的来源和合体效果，褶皱的平面结构设计方法可以分为两种。

一、将省道转化为褶皱

设计合体服装造型内的局部褶皱时，可以将省量直接转化为褶量，所形成的立体造型与收省的效果接近。不同的褶皱形态所形成的外观效果不同，纸样的轮廓线局部形态也略有差异。

如图4-4-1中三个款式都是将领省转化为褶皱的设计，原型袖窿省转移至领省的方法相同，但不同的褶皱形态细节所对应的领部纸样形态有明显差异。

A款采用纸样形态最简单的缩褶，由于缝合时仅在相应的褶边线抽缩，褶皱线条细碎，领部形成均匀向外膨出的自然曲面，适合柔软轻薄的面料，整体风格休闲随意。

B款在领口设计两个定位褶裥，褶量之和等于转移后的领省量，褶裥缝合长度4~5cm，适合定型挺括度较好的面料，外观平整较贴体，褶裥下部有一定活动余量，比省道更加自然舒展。

C款为缩褶与分割线相结合的设计，先在领口设计平行分割线作为单独的领口边造型，再进行省道和褶皱的变化，领口造型和装饰更加多样化，独立裁剪的领口边更不容易变形。

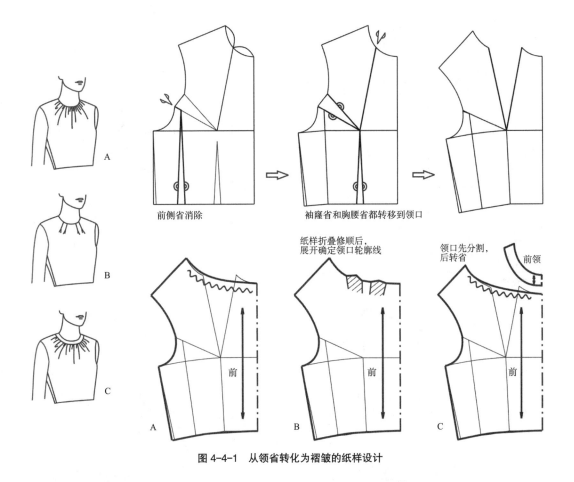

图 4-4-1　从领省转化为褶皱的纸样设计

前侧省消除　　　　袖窿省和胸腰省都转移到领口

纸样折叠修顺后，展开确定领口轮廓线

领口先分割，后转省

前领

前

二、增加装饰松量的褶皱

当褶皱量完全由省量转化而来时，褶量相对较小，褶皱缝合后基本符合人体曲度。如果需要设计更具有装饰效果的褶皱时，必须在省量基础上增加更多的面料松量，或者直接将纸样按照造型所需要的褶皱进行剪切扩展。褶皱松量大的服装具有更明显的立体化装饰效果，穿着时不完全贴合身体，褶皱局部所形成的曲面通常大于人体曲度。

1.胸下分割线的褶皱设计

如图4-4-2、视频4-4，在胸下设计曲线分割线，分割线以上增加细密的缩褶，分割线以下的腰部为合体造型。当褶皱量不同时，其纸样设计方法也有一定差异，具体制图步骤如下：

视频4-4

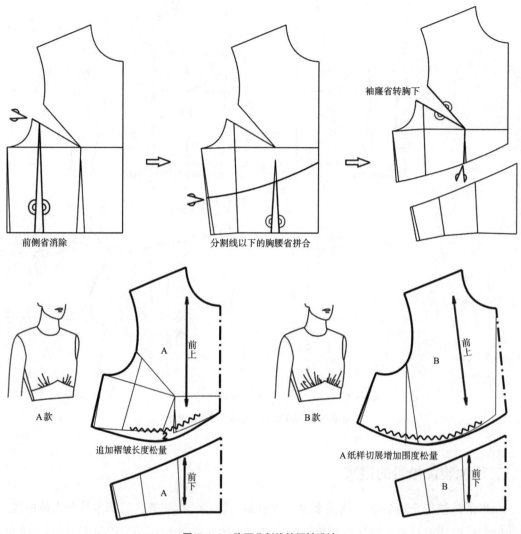

图 4-4-2 胸下分割线的褶皱设计

①原型前侧腰省合并消除，袖窿省至省尖点剪开，合并后的胸围线和腰线略向下呈折线。

②根据造型确定胸下的曲线分割线，通常距离BP垂线7~9cm，纸样剪开成上下两部分。

③将分割线以下的胸腰省拼合消除，获得前下片的纸样，A、B款相同。

④A款上衣片纸样：将原型的袖窿省转移至BP下腰省位置，原型腰省和转移的纸样开口都作为缩褶量，绘制上衣片的轮廓线，分割线适当向外扩展加长，以提供面料膨出所需要的长度松量（A款）。

⑤ B款上衣片纸样：如果衣片需要的褶皱量更大时，可以在A款纸样基础上，按照褶线方向设计新的切展辅助线，使衣片在辅助线和前中线位置进一步增加褶量，达到所设计的造型。

2. 单肩不对称褶皱设计

设计造型不对称的褶皱形态时，需要首先将左右衣身纸样在中线拼合，然后才能直观地确定褶皱造型和结构。如图4-4-3是在原型基础上增加左肩线缩褶，呈现单肩不对称褶皱的造型。由于衣身肩、胸部为受力部位，褶皱所对应的松量不宜过大，适合将原型的省道全部转移作为合理的褶皱量，纸样的变化方法如下：

① 原型的前侧腰省合并消除，将袖窿省至省尖点剪开，拼合后的胸围线和腰线略向下呈折线；

② 原型的1/2袖窿省转移至原型腰省位置，原型腰省和腰部纸样开口量合并等于腰省量●；

③ 根据1/2袖窿省转移后的右侧纸样轮廓线形态复制左侧纸样，中线拼合成为完整的前片；

④ 按照衣褶线的方向确定左肩的5条褶皱剪切线位置，线条形态尽量均匀扩展，端点尽量接近省尖点；

⑤ 将右袖窿剩余的1/2省量合并（省尖点适当上移），沿肩线的分割线（1）将纸样切展；将左袖窿剩余的1/2省量合并，沿肩线的分割线（5）将纸样切展；纸样开口量对应所增加的褶量。

⑥ 将右侧腰省总量●合并，沿肩线的分割线（2）纸样切展，纸样开口量对应所增加的褶量。

⑦ 将合并后的左侧腰省总量●等分，分解平移至前中线和第四分割线所对应的垂线，省道中线垂直，省量各为1/2●。

⑧ 将转移后的中线腰省1/2●合并，肩线分割线（3）纸样切展，纸样开口对应所增加的褶量。

⑨ 将转移后的左腰省1/2●合并，肩线的分割线（4）纸样切展，纸样开口对应所增加的褶量。

⑩ 绘制前片新的轮廓线，将肩线弧线画圆顺，以右胸围线的垂线方向作为经纱方向。

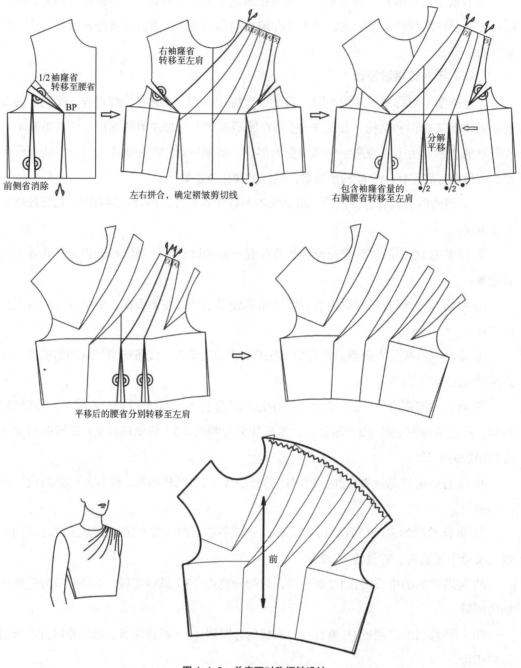

图 4-4-3　单肩不对称褶皱设计

3. 后片育克分割的褶皱设计

　　褶皱设计只影响服装的局部形态，当服装的廓形不同时，褶皱的外观相似，但纸样的变化方法不同。如图4-4-4的后肩育克褶皱设计，分割线形态相同，分割线以下设计的缩褶量也相同，但造型分别为不收腰的宽松造型（A款）和收腰的合体造型（B款），纸样设计方法有所不同。

①将原型的后肩省合并，从省尖点至袖窿沿水平线剪开，将肩省转移至袖窿；

②延长袖窿开口作为后育克分割线，剪开后绘制后育克纸样，下边画顺为弧线，中线连裁。

③当后片为宽松造型时纸样如图中A款：将后中线整体平行外移，增加围度整体松量，缩褶量通常不超过分割线长度的1/2，确定后片轮廓线。

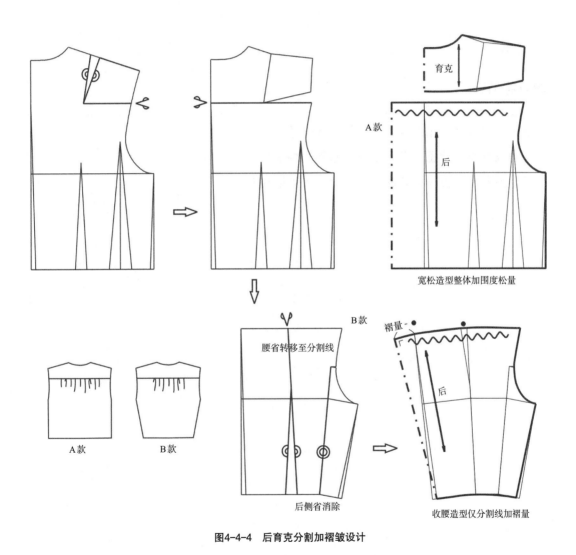

图4-4-4　后育克分割加褶皱设计

④当后片为合体收腰造型时如图B款：

- 先将原型的后侧省合并消除，松量转移至袖窿；
- 将原型的背省向上延长作为剪切辅助线，将背省合并，对应分割线位置的纸样开口；
- 将后中线改为斜线方向，后中线和背省上方增加的缩褶总量（包含纸样开口量）通常不超过分割线长度的1/3，以免影响胸围的合体形态；
- 确定后片新的轮廓线，取后中斜线方向为经纱方向。

项目练习：

1. 收集服装褶皱变化的造型与结构设计资料。
2. 自由设计褶皱造型，完成褶皱的原型纸样变化。
3. 结合实物服装图片，完成分割线加褶皱的纸样变化。

第五章

女衬衫的造型和衣身结构

■■■■■■■■■■■■■■■■■■■■■■■

　　女衬衫也称为女衬衣，是春夏季节贴身穿着的单层上衣的总称，包括长袖衫、短袖衫、无袖衫、罩衫等，衬衫廓形变化丰富，穿着形式灵活，设计风格多样。女衬衫由于人体体态和手臂活动的限制，一般由衣身、衣领、袖子三部分结构组成，各部分的造型和结构设计方法相对独立。女衬衫根据不同的衣身廓形可以分为合体收腰型、半合体直身型、宽松直身型、A型等不同类型，结构设计细节各有其特点。

第一节 | 女衬衫的造型分类

导学问题:

1. 女衬衫设计中涉及造型结构的元素主要有哪些?
2. 女衬衫衣身的基本廓形怎么分类?

一、女衬衫概述

女衬衫也称为女衬衣,英文为Shirt、Shirtwaist或Blouse,是女性春夏季贴身穿着的单层上衣的总称,包括长袖衫、短袖衫、无袖衫、罩衫等。早期的衬衫是指穿在外衣里面的单层服装,如古代中国的中单、半臂,埃及王朝时期无领无袖的束腰衣等形式。现代女装中的衬衫形式来源于14世纪的欧洲男衬衫,作为内穿服装而露出白色的领和袖头,随后的女衬衫色彩和装饰越来越多样化,19世纪开始出现收腰的适体衬衫,直到20世纪与男士衬衫相似的女衬衫才成为可外穿的女性正式服装,与半身裙或裤子配套穿着而逐渐被大众广泛接受。

女衬衫的穿着形式灵活,按照穿着方式可以分为外穿式衬衫(衣身下摆罩在下装外)和内穿式衬衫(衣身下摆放入下装内);根据用途可以分为与西服或裙子配套的衬衫、较正式的职业装衬衫、便装衬衫、休闲衬衫等,采用各种不同类型的面料和图案形成多种设计风格。

由于身体形态和手臂活动的限制,女衬衫的结构通常可以分为衣身、袖、领三部分,在功能合理的前提下,各部分的造型设计相对独立,本章主要讨论衣身的造型与结构设计。女衬衫的衣身造型变化繁多,可以从衣长、廓型、开口形式等方面进行结构分类。

二、女衬衫的衣身长度分类

女衬衫按照衣身的长度通常分为三种类型,实际长度灵活多样,参见图5-1-1。

① 短衬衫:长度至腰节线附近,往往搭配低腰裤,是富有青春活力的设计。

② 中长衬衫:长度至臀围线附近,经典实用,合体或宽松造型均可,风格多样。

③ 长衬衫:长度略超过大腿根部,多为宽松休闲的风格。

图5-1-1　女衬衫的长度变化

三、女衬衫的廓形按合体度分类

女衬衫的衣身廓型按照合体程度通常分为四类：合体收腰型、半合体直身型、宽松直身型和宽松A型，参见图5-1-2。衬衫的不同廓形合体度对应着不同的纸样基本结构，本章将按照衣身的四种不同廓形，分别讲解其结构设计的特点和纸样设计方法。

①合体收腰型衬衫：胸围和腰围合体，采用稍厚挺括的面料制作时偏向于职业化，采用轻薄而略有弹力的面料制作时则更加贴体修身。

②半合体直身型衬衫：胸围与臀围较合体，衣身基本呈直线H型，适合采用较柔软轻薄的面料制作，下摆可扎束在下装腰带内，也可以直接罩在裙子或裤子之外。

③宽松直身型衬衫：衣身整体造型宽松，呈直线H型，偏向于中性化休闲风格，下摆通常罩着在裙子或裤子以外。

④A型宽松衬衫：胸围以上较合体，下摆扩展，呈现A造型，常采用褶皱或分割线等设计细节，具有自然飘逸的女性化风格。

合体收腰型　　　　　　半合体直身型　　　　　　宽松直身型　　　　　　宽松A型

图5-1-2　女衬衫的廓形按合体度分类

四、女衬衫的开口造型分类

女衬衫穿着时的开口造型多样（参见本章第五节图5-5-1），按照衣身开口造型可以分为以下几类：

① 前中门襟造型：前中线整体开口，是女衬衫的基本款式，在衣片前中部增加相应的交叠门襟宽度，结构简洁，穿脱方便。

② 前身半门襟造型：前中线上部开口，下部连接为整体，套头穿着，适合采用衣身下部宽松的廓形。

③ 前身斜交叠门襟造型：前身左右斜向交叠，系结或扎带固定，适合具有传统东方韵味的设计。

④ 后中门襟造型：后中线整体开口，前身为整体形态，适合较宽松的个性化设计，衬衫穿脱时略有不便。

⑤ 套头型衬衫：前、后衣身的造型都是整体形态，套头穿着。为了满足头围的穿着需要，领口较小时可以在领后中部或肩部开口；如果采用衣身较合体的造型，需要在侧缝加装隐形拉链。

项目练习：

1. 按照衣身造型的廓形合体度分类，收集女衬衫着装实例图片一组，标注分类名称。
2. 按照衣身结构的开口造型分类，收集女衬衫着装实例图片一组，标注分类名称。

第二节 | 直身型女衬衫的衣身结构设计

导学问题：

1. 直身型女衬衫的半合体或宽松造型根据什么来确定？

2. 直身半合体女衬衫与直身宽松女衬衫的结构设计有什么相似和不同之处？

一、直身型女衬衫的造型特点

女衬衫衣身的直身型造型可以分为半合体直身型和宽松直身型两类，穿着时的形态和整体风格虽然有所不同，但衣片结构在胸围线以下基本都呈相似的方形廓形，仅宽松度的尺寸设计存在差异，结构设计方法相似，则对其一起加以介绍。

1. 半合体直身型女衬衫

半合体直身型女衬衫的胸围和臀围较为合体，腰围呈直线的宽松形态，长度通常在腰围线至臀围线之间，下摆可以罩在下装外也可以扎束在下装内，整体风格简洁而富有现代感。女衬衫常采用柔软轻薄的材质制作，自然地贴合身体形态，简洁的造型更加凸显面料图案和肌理的变化。

半合体直身型女衬衫的胸围基本宽松量通常为8~14cm，宽松量的设定需考虑面料的弹性、悬垂性影响。胸围分配时通常取前、后胸围的宽度相等，或后胸围略大于前胸围，从而为手臂和肩部提供更多向前的活动松量。臀围放松量通常为6~10cm，略小于胸围放松量，使连接胸围宽和臀围宽的侧缝呈现与胸围线方向垂直或略向外斜的直线，侧缝还可以在腰围处略收成为向内凹的弧线，能够减少腰部褶皱，使衣身整体形成自然的H型廓形。

2. 宽松直身型女衬衫

宽松直身型女衬衫的造型和结构来源于传统男衬衫，穿着时衣身略呈T形廓形，肩宽较宽，衣长可长至大腿根部，面料自然垂落形成丰富的衣褶，着装效果随意而舒适，整体偏向于中性化的休闲风格。

宽松直身型女衬衫的胸围宽松量通常为15~30cm，胸围分配时后胸围宽略大于前胸围宽，使前身相对合体，背部形成更多的宽松衣褶。胸围以下的侧缝为垂直线，使衣身形成整体宽松的直身造型，常采用稍厚且挺括的面料制作。

宽松直身型女衬衫的袖窿比合体女衬衫更大，通常采用较狭长的袖窿形态，袖窿深度比原型袖窿明显增加，肩宽和胸宽、背宽也相应增大，从而与加大的衣身胸围保持平衡，也获得更好的着装舒适性（纸样设计实例参见第八章的宽松型休闲女衬衫）。

二、半合体直身型女衬衫的基本款造型

1. 款式

本款女衬衫属于经典的半合体直身女衬衫款式，长度略超过臀围线，胸围适度合体。前中线开襟5粒扣，前袖窿收省，左胸贴袋，底边呈直线，侧缝开衩，如图5-2-1。

本节内容仅解析衣身制图，对应的领口形态适合搭配连翻领或翻立领，袖窿形态适合搭配较合体的短袖，领子和袖子的结构制图参见第六章、第七章的衬衫领、袖结构设计。

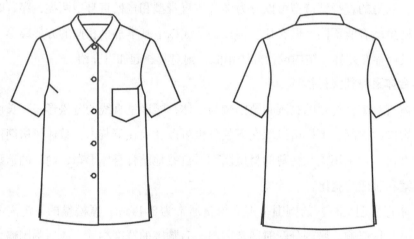

图5-2-1 半合体直身女衬衫的基本款式

2. 面料

本款女衬衫适合采用较为轻薄柔软的面料，如真丝绸、薄棉布、雪纺等，色彩和图案随流行时尚而变化，适用于多种体型和穿着场合，应用范围广泛。

3. 成品规格

以女装常用的中间体M码（160/84A号型）为例，根据造型确定本款女衬衫的成品部位规格，参见表5-2-1。

表5-2-1　半合体直身女衬衫成品规格表（160/84A）　　　单位：cm

	衣长L	胸围B	腰围W	臀围H
成品尺寸	58	96	/	96
计算方法	背长38+ 腰长18+2	净胸围84+12	净腰围66	净臀围90+6

三、半合体直身女衬衫的基本结构制图（图5-2-3）

1. 原型处理

直身型女衬衫的合体程度要求较低，其对应的原型处理涉及背长和省道转移两方面的改变，参见图5-2-2。文化式原型的背长根据合体造型而确定，省道缝合后呈现腰线水平的合体形态；直身型女衬衫的后身腰部不收省，如果采用原型背长会造成后片中部过长而垂落，所以需要适当缩减后片长度。

① 原型后身在袖窿中部设计水平剪切线，图中取胸围线以上的中线位置，沿剪切线将纸样向下折叠0.7cm，使领口弧线、肩线、肩省都向下平移，原型后片的长度和袖窿深整体缩减0.7cm。

② 将平移后的1/2肩省转移作为袖窿松量，剩余1/2肩省量暂时保留，重新绘制肩线和袖窿弧线。

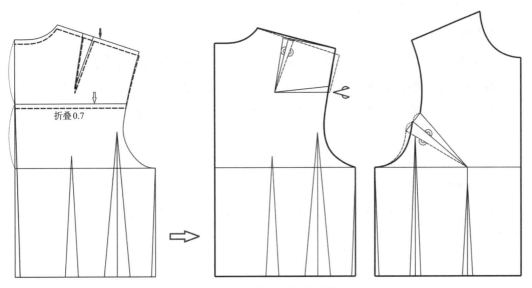

图 5-2-2　半合体直身女衬衫的原型处理

③ 原型前身袖窿省的下部1/2作为袖窿松量，重新画顺袖窿弧线，剩余1/2袖窿省暂时保留。

2. 后片

④ 在处理后的后身原型基础上，从腰线向下取20cm作底边线，将后中线和原型的侧缝线延长至底边；

⑤ 描绘后片轮廓线，后中线连裁，剩余的肩省量作为吃缝工艺处理，如果采用不适合吃缝的面料时也可以采用收省缝合。

⑥ 侧缝底边向上10cm为开衩止点，底摆开衩可以提供更多的活动空间，穿着更舒适。

3. 前片

⑦ 在处理后的前身原型基础上，从腰线向下取20cm作底边线，将侧缝线延长至底边，从前中线向外平行取叠门宽1.5cm绘制前止口线。

⑧ 前领深向下1cm，画出前领口弧线并延长至止口线。

⑨ 从BP点向侧缝方向3cm、向上1.5cm，作为省尖点，取原型剩余的1/2袖窿省作为省量大小，省道两边长度相等，重新画顺下段袖窿弧线。

⑩ 根据纸样折叠展开后的形态绘制袖窿省的外侧轮廓线。

⑪ 侧缝底边向上10cm为开衩止点，前、后侧缝的开衩长度相等。

⑫ 纽扣位置：第一粒纽扣从前中线领口向下1.3cm，第五粒纽扣从腰线向下5cm，将其间距4等分确定其余纽扣位置。

4. 口袋

⑬ 距离前中线5.5cm，从胸围线向上3cm，向下6.5cm，绘制口袋的前侧边线。

⑭ 从口袋上边作水平线，起翘0.5cm，确定袋口边斜线，袋宽9.5cm。

⑮ 从袋口宽向下做垂线，与口袋下边的水平线相交，向外0.5cm，绘制口袋侧边线。

⑯ 将口袋下边宽度等分，中点向下1.5cm，绘制袋口下边的三角造型。

5. 贴边线

⑰ 本款衬衫的前中直接与贴边连裁，贴边宽6cm，领口弧线按照衣身领口翻转对称而确定。

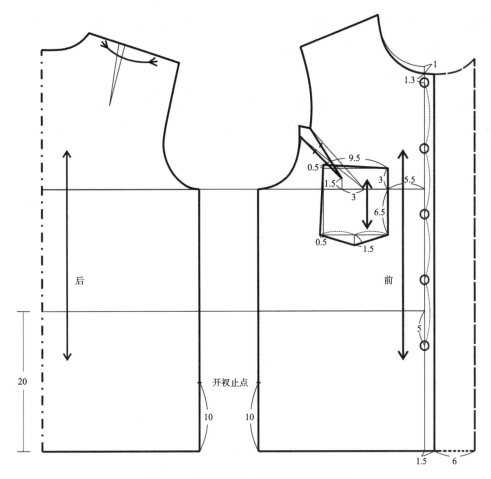

图 5-2-3　半合体直身女衬衫的基本结构制图

四、直身型女衬衫的主要结构变化

1. 底边形态变化

直身型衬衫的衣身呈简单的直筒形态，常在胸围、底边进行结构变化设计，使造型更加丰富灵活。半合体直身型女衬衫的臀围放松量有限，坐姿时容易造成底边绷紧或上移变形，处理方法是一方面可以适当减短衣长，另一方面常用增加活动松量的开衩或插片设计。底边开衩或插片通常位于侧缝，端点在臀围线以上，前后两侧的造型可以不完全相同。

更宽松的直身女衬衫可以在侧缝增加胸围宽度，底边常用前短后长的设计，使侧缝长度比中线长度减短而成弧线形态（纸样设计参见第八章的"宽松型休闲女衬衫"）。当人体保持坐姿时，前身臀围线以下的部位容易堆积起皱，因而前中线长度通常不宜超过大腿跟位置，侧缝减短后的底部弧线形态与人体腹股沟角度接近，能够有效地提高穿着舒适性，同时不影响衣身长度和宽度的整体比例。

2. 肩育克分割结构

直身型女衬衫的衣身结构变化中，常用类似于男衬衫的肩部育克设计，前、后衣身分割后将肩部纸样拼合，确定单独的肩育克衣片。育克部分使用单层面料或双层面料均可，当肩部受力时的衣片形态更加稳定而不易变形，尤其适用于肩部拼接不同材质如印花图案、蕾丝等面料的设计（纸样设计参见第八章"宽松型休闲女衬衫"）。

第三节 | 合体收腰型女衬衫的衣身结构设计

导学问题:

1. 合体收腰型女衬衫衣身的围度宽松量根据什么确定?

2. 合体收腰型女衬衫的省道与人体体型有什么关系?

3. 合体收腰型女衬衫常用的内部结构设计变化有哪些限制?

一、基本造型特点

1. 长度

合体收腰型女衬衫的长度通常位于臀围线附近,所塑造的收腰形态比例接近于人体自然的黄金分割比例。当衣长过长时,收紧合体的腰围会造成活动不便;衣长过短时,手臂活动时下摆容易上移而造成明显的形态变化,影响造型美观。

从肩领点测量时,合体收腰型女衬衫的前片总衣长通常大于后片总衣长,前后片长度差和人体前长-后长的差量基本相等。前后衣身的长度差设计可以使穿着后的衬衫整体平衡合体,在腰节线部位基本保持水平,静态直立时衣身表面基本不产生皱褶。当前衣长过短时,衣身下摆的前中部上翘而不贴合身体;后衣长过短时,衣身下摆的后中部上翘容易形成褶皱,都会影响造型美观。

2. 围度宽松度设计

因为衣身的胸围部位容易贴合身体,并且受到肩部、手臂的活动影响较大,上装的围度宽松度通常以胸围宽松量作为设计基础,对于合体收腰造型还需要同时设定腰围和臀围的宽松量,使衣身的整体造型保持均衡。

合体收腰型女衬衫的胸围基本放松量通常为6~12cm,使人体在直立静态和手臂常规的小范围活动时舒适方便。一般而言,采用柔软而弹性较好的面料时,胸围所取的放松量较小;采用稍硬挺的面料时,胸围所取的放松量较大;无袖或短袖造型的胸围放松量小于长袖款式。胸围分配时,前后片的胸围相等,或前胸围略大于后胸围,更符合人体的胸凸形态。

合体收腰型女衬衫的臀围放松量通常为5~10cm,与胸围的放松量相等或稍微小一些。

合体收腰型女衬衫腰围放松量通常为6~12cm，等于或略大于胸围放松量，使衣身形成自然流畅的整体曲线，活动方便而且不易产生皱褶。

二、基本款造型与成品规格

1. 款式

基本款合体收腰型女衬衫基本款式属于经典的正装女衬衫，长度略超过臀围线，衣身各部位均衡合体，体现女性曲线美。前中线明门襟6粒扣，前后腰线和前侧缝收省，底边呈弧线造型，如图5-3-1。

本节内容仅解析衣身制图，作为常规衬衫的领口形态适合搭配立领或翻立领，袖窿形态适合搭配合体袖，领子和袖子的造型在图5-3-1款式以外可以有更多变化，结构制图参见第六章衬衫领结构设计、第七章衬衫袖结构设计。

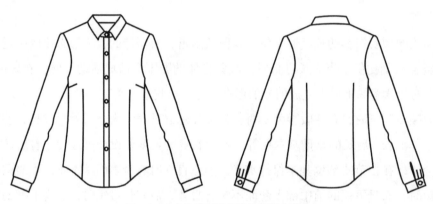

图5-3-1　合体收腰型女衬衫的基本款式

2. 面料

本款女衬衫适用的面料种类广泛，全棉、亚麻、丝绸、化纤面料等均可采用。不同厚度和质感的面料所形成的造型细节也有所不同，如常用的全棉面料中，较为轻薄的细平布、色织布与偏厚重的牛津布等都可以制作本款，但外观效果有一定差异。

3. 成品规格

以女装常用的中间体M码（160/84A号型）为例，根据造型确定本款女衬衫的成品部位规格，参见表5-3-1。

表5-3-1　基本型合体收腰女衬衫成品规格表（160/84A）　　　　单位：cm

	衣长L	胸围B	腰围W	臀围H
成品尺寸	58	92	76	96
计算方法	背长38+腰长18+2	净胸围84+12−4	净腰围66+10	净臀围90+6

三、结构制图

1. 原型省道转移准备

使用文化式女上装衣身原型作为衬衫纸样设计的基础，由于原型的省道设计为合体的紧身形态，超过衬衫所需要的实际合体曲度，因而首先对原型进行相应的省道转移处理，如图5-3-2。

① 将后片肩省的2/3转移作为袖窿松量，剩余1/3省量保留作为肩线吃缝量。

② 将前片袖窿省的1/3保留作为袖窿松量，剩余2/3袖窿省量暂时搁置，待前衣片轮廓线完成后转移为腋下省。

2. 结构基础线（图5-3-2）

③ 前、后原型腰线保持水平，从原型腰线向下取18cm为臀围线HL。

④ 从HL向下2cm为后底边水平线，HL向下3cm为前底边水平线。

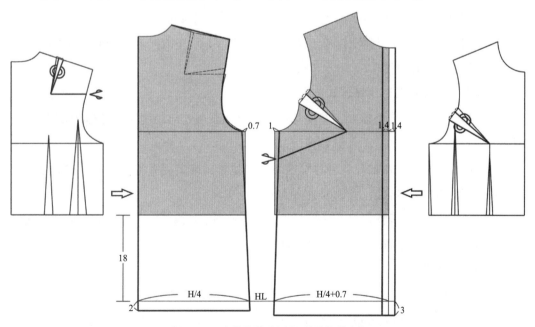

图 5-3-2　合体收腰型女衬衫的结构基础线

⑤ 在HL上从前中线取前臀围宽H/4 + 前省0.7 = 24.7cm，从后中线取后臀围宽H/4 = 24cm。

⑥ 前胸围宽从侧缝减1cm，与前臀围宽相连并延长至底边。

⑦ 后胸围宽在侧缝减0.7cm，与后臀围宽相连并延长至底边。

⑧ 从前中线向两边分别取1.4cm，外侧为止口线，中线内侧为明门襟边的造型线，明门襟总宽度为2.8cm。

3. 前片轮廓线（图5-3-3）

⑨ 领口弧线：前侧颈点沿肩线加宽0.5cm，前领深降低0.7cm，画顺前领口弧线。

⑩ 肩线：领口端点与原型的肩点位置相连，绘制前肩线，测量前肩线长度△。

⑪ 底边弧线：从HL向上4cm为侧缝线和底边的交点，呈S型线条形态画顺前底边弧线。

⑫ 从前中线取前腰围宽W/4 + 0.5（前后差）+ 3（前腰省量）= 22.5cm，画顺前侧缝弧线。

⑬ 前腰省：从BP向侧缝方向1cm作垂线为省道中线，在省道中线上取胸围线下3~4cm为省尖点；腰省量3cm从省道中线两边等分，臀围线省量0.7cm从省道中线向侧缝方向量取，画顺省道两边弧线，至底边并开口0.6cm。

⑭ 纽扣位置：左片里襟钉纽扣，纽扣中心位于前中线。第一粒纽扣位于衬衫领座，从前领深向上1.2cm位于领座中部。第二粒纽扣从领深向下距离不宜过大，否则容易变形。从腰线向下取最下方纽扣位置，然后将间距等分确定中间的纽扣位置，注意BP点的水平线附近需要设计相应的纽扣，否则活动时容易受力变形。

⑮ 扣眼位置：右片门襟锁扣眼，高度与纽扣对应；从中线向外0.3cm，长度为1.4cm（纽扣直径1.2 + 纽扣厚度0.2）为开扣眼的位置。

4. 前片省道转移与轮廓线修正

⑯ 侧缝省：按照造型需要，在前片侧缝袖窿下6cm处与BP连线，作为侧缝省的纸样切展位置。

⑰ 将原型剩余的2/3袖窿省转移至腋下切展位置，确定侧缝省量大小，省尖点位于胸围线上距离BP点3cm处，省道两边连线长度相等。

⑱ 按照侧缝省的折叠方向绘制侧缝线，重新画顺前袖窿弧线，注意前、后袖窿弧线拼合时保持圆顺，完成前片纸样的轮廓线修正。

5. 后片（图5-3-3）

⑲ 领口弧线：后侧颈点沿肩线加宽0.5cm，画顺后领口弧线。

⑳ 肩线：领口端点和省道转移后的肩点相连，长度与测量获得的前肩线长度相等。

㉑ 画顺后袖窿弧线，袖窿弧线顶端与肩线保持垂直。

㉒ 底边弧线：从HL向上4cm为侧缝线和底边的交点，呈S型画顺后底边弧线。

㉓ 取后腰围宽W/4−0.5（前后差）+ 2.8（后腰省量）= 21.3cm，画顺后侧缝弧线，注意前、后侧缝弧线的长度相等。

㉔ 后腰省：距离后中线10cm做平行线为省道中线，胸围线向上3cm为上部省尖点，臀围线向上4cm为下部的省尖点；在胸围线取省量0.3cm，在腰围线取省量2.8cm，各从省道中线两边等分，画顺省道，两边呈略向外凸的弧线。

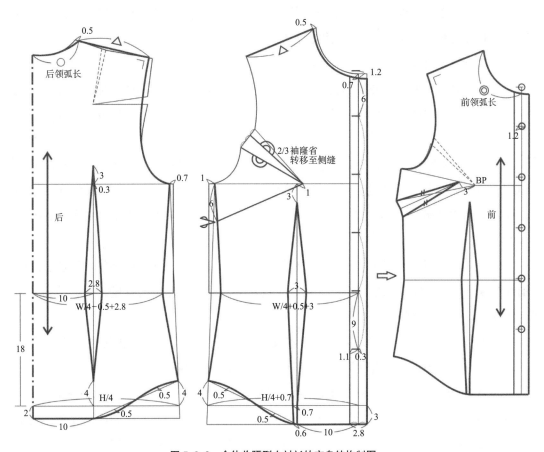

图 5-3-3　合体收腰型女衬衫的衣身结构制图

四、合体收腰型女衬衫的主要结构变化

1. 省道设计

为合体收腰型女衬衫塑造合体的曲面造型时，必须应用省道或包含省道的分割线结构，省道主要包括前腰省、后腰省、前侧缝腋下省、领省、后肩省等。

合体衬衫的前、后腰省同时对应人体的胸腰围差和腰臀围差，因而腰省形态呈现菱形或枣核形。腰省量相等时，外凸的枣核形省缝合的布料更多，所形成腰部造型更加贴体。腰省量分配时可以根据不同体型和面料进行灵活调整：总腰省量不大时通常取前、后腰省各一个，总腰省量较大时可以将单省分解为两个省道，穿着时更加自然合体。前后片的侧缝收省量通常相等，使侧缝长度相等且弧度一致。当前后侧缝的斜度差较大时，臀围和底边宽度可以适当增加一定省量。

前片的侧缝省形态隐蔽，能够有效地减少腋下褶皱，在女衬衫中应用广泛。

领省主要应用于无领造型，缝合后的省道线条隐蔽，常用褶皱形态而更加具有装饰性。

后片的肩省可以参照原型的肩省结构设计，但肩省量通常比原型略减小，同时将肩线适当上抬从而增加袖窿松量，获得较好的穿着舒适性。

2. 公主线分割设计

由于女衬衫大多采用轻薄面料，缝合时容易变形起皱，一般不做大量的装饰性分割设计，有时以公主线分割结构代替省道来塑造合体造型，其比省道所形成的曲面造型更加流畅。

如图5-3-4为公主线分割的合体收腰型女衬衫，采用与基本型合体收腰女衬衫相同的成品规格，前、后片的公主线从袖窿中下部分割呈曲线形态，分割线包含省量的设计使造型更加流畅贴体，适合采用稍厚的面料，如全棉斜纹布等进行制作。制图步骤如下：

① 衣身的结构基础线：制图方法与图5-3-2的合体收腰型女衬衫相似。注意后片胸围线宽度不需要在原型侧缝减小，而是在中线和分割线减去适当的省量，使成品胸围和合体收腰型女衬衫相等。

② 前后片的初始轮廓线制图与合体收腰型女衬衫相似，后中线包含胸围线省量0.5cm，腰省量1.2cm，底边省量1cm，呈现接近人体后中曲度的弧线形态。

③ 腰省设计：腰省总量根据成品规格的胸腰差直接计算获得，胸围92减去腰围76，差为16cm，则制图时前、后身收腰总量为8cm，参照原型收腰省的比例均衡分配。由于后片的胸围收省量增加，腰省总量也相应增加，使整体曲度合理，侧缝形态均衡。

④ 后身公主线分割：分割线包含胸围线省量0.5cm，腰省量2.5cm，下方省尖点距离臀围线2~3cm，绘制两条分割线圆顺，剪开衬衫后身纸样分为后中和后侧共2片。

⑤ 前身袖窿省转移：从BP点作垂线至底边为剪切辅助线，将原型袖窿省的2/3转移至剪切线，实际增加了腰省量和纸样底边开口量。

⑥ 前身公主线分割：画顺2条分割线包含剩余的1/3原型袖窿省，从剪切转移后的BP点垂线位置收腰省和底边省量，剪开衬衫前身纸样分为前中和前侧共2片。

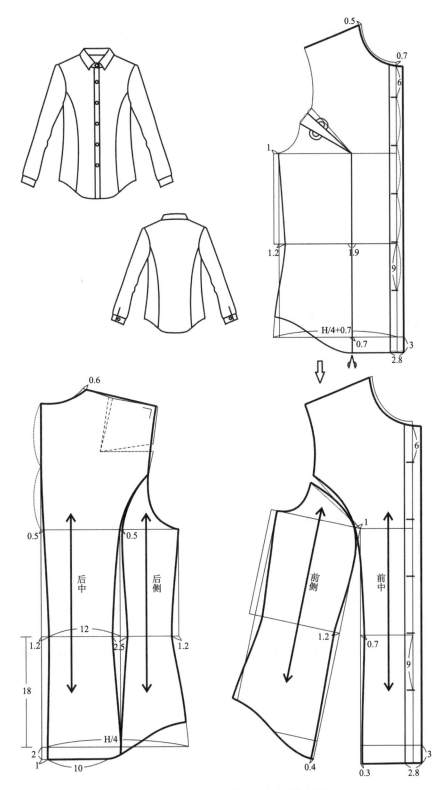

图 5-3-4 公主线分割的衬衫衣身结构制图

第四节 | A型女衬衫的衣身结构设计

导学问题:

1. A型女衬衫的下摆宽松量设计怎么能够保持弧边均匀扩展?
2. A型女衬衫的衣身横向分割线设计有什么特点?

一、A型女衬衫的造型特点

A型廓形的女衬衫呈现上紧下松的形态,肩部较窄而贴体,胸围宽松量适中,胸围以下的衣身宽松量逐渐增加,底边呈现自然均匀的弧线造型。A型女衬衫穿着舒适性良好,适用于多种体型,偏向于自然休闲的个性化风格。衣身为A型的廓形常搭配无袖或合体窄袖,由于宽大的下摆提供了足够的活动空间,适用于从腰围到大腿的各种长度设计。

当A型下摆边的扩展量不大时,衬衫适合采用略硬挺的面料,如薄型牛仔布制作,呈简洁的平面化A型廓形。当下摆边扩展量较大时,适合采用悬垂性较好的面料如丝绸、亚麻布等制作,所形成的大量衣褶自然垂落,贴合身体而不显得臃肿。

二、A型女衬衫的基本款造型

1. 款式

本款A型女衬衫为可爱的少女风格,前中线采用柔软贴身的折边门襟,钉纽扣5粒,下底边宽阔形成自然垂落的衣褶,呈现前短后长的弧线造型,如图5-4-1。

本节内容仅涉及衣身制图,对应的领口形态适合搭配平领或无领设计,袖窿形态适合搭配较合体的一片袖,领子和袖子的结构制图参见第六章、第七章的衬衫领、袖结构设计。

图5-4-1　A型女衬衫的基本款式

2. 面料

本款女衬衫所适用的面料范围广泛，较柔软的夏季面料均可使用，如薄棉布、棉麻布、亚麻布、雪纺等。

3. 成品规格

以女装常用的中间体M码（160/84A号型）为例，根据造型确定本款女衬衫的成品部位规格，参见表5-4-1。

表5-4-1　A型女衬衫成品规格表（160/84A）　　　　　　　　　　单位：cm

	衣长L	胸围B	腰围W	臀围H
成品尺寸	68	94	/	/
计算方法	背长38+30	净胸围84+12-2	净腰围66	净臀围90

三、A型衬衫基本款的结构制图

1. 衣身基础结构（图5-4-2）

① 原型处理：原型后身纸样在胸围线以上的中部位置平行折叠0.7cm，使后片的袖窿深和长度整体减短0.7cm。后肩省的1/2转移作为袖窿松量，剩余1/2肩省量暂时保留（参见图5-2-2）。

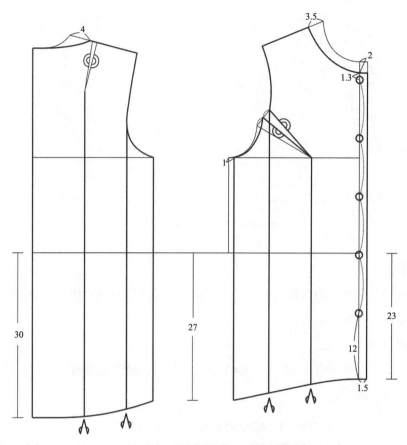

图 5-4-2　A 型衬衫的衣身基础结构

② 前中线从前领深向下 2cm，从原型腰线向下取 23cm，前中线向外取叠门宽 1.5cm 作止口线。

③ 前领宽沿肩线加 3.5cm，后领宽沿肩线加 4cm（使前领宽略小于后领宽，领口更贴体平伏），分别画出前、后领口弧线。

④ 前胸围宽度在侧缝减 1cm，向下作垂线，根据造型取腰围线以下的长度为 27cm。

⑤ 后中线从处理后的原型腰线向下取 30cm，画顺前、后底边弧线，确保侧缝拼接后底边圆顺。

⑥ 将原型的袖窿省 = 2 等分，下部 1/2 省量作为袖窿松量，重新画顺下段袖窿弧线，剩余 1/2 省量暂时保留，待纸样切展时进行合并转移。

⑦ 锁眼钉扣：左侧里襟钉纽扣，第一粒纽扣从前中线的领点向下 1.3cm，第五粒纽扣从底边向上 12cm，间距 4 等分确定其余的纽扣位置。右侧门襟锁扣眼，扣眼位置的设定方法与图 5-3-3 中合体收腰型衬衫相同。

2. 前片纸样

⑧ 设计剪切辅助线：从BP点向下作垂线至底边为第一条剪切辅助线，从袖窿省上端点位置作垂线至底边为另一条剪切辅助线，参见图5-4-2。

⑨ 从胸省垂线剪开，将剩余的1/2袖窿省量转移至底边，纸样在底边开口增加的松量为〇。

⑩ 从过袖窿的胸宽垂线剪开，底边开口增加松量〇。

⑪ 在侧缝增加底边松量=〇/2。

⑫ 根据剪切后的纸样形态绘制前片轮廓线，底边线画顺，如图5-4-3。

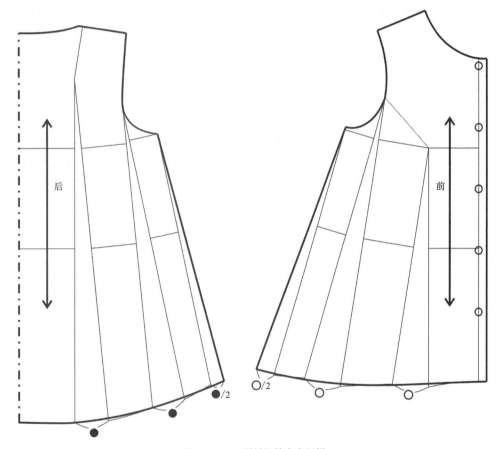

图5-4-3　A型衬衫的衣身纸样

3. 后片

⑬ 设计剪切辅助线：从肩省的省尖点向下作垂线至底边为第一条剪切辅助线，从袖窿的背宽最窄处作垂线至底边为另一条剪切辅助线，参见图5-4-2。

⑭ 从肩省垂线剪开，将肩省量转移至底边，纸样在底边开口增加的松量为●。

⑮ 从过袖窿的辅助线剪开，底边开口增加松量●。

⑯ 在后侧缝增加底边松量=●/2。

⑰ 根据剪切后的纸样形态绘制后片轮廓线，底边线画顺，后中线连裁。

四、A型衬衫的主要结构变化

1. 横向分割的结构设计

A型衬衫经常采用横向分割线，分割线形式为直线、斜线或曲线均可，所形成的造型风格各有不同。

前片的横向分割线通常在人体腋点线以上或胸下围附近。当分割线位于腋点线以上时，肩宽和胸宽较窄，前胸围宽度不宜过大。当衣身前片的分割线位于胸下围时，分割线的侧缝位置可以包含一定的省量，分割线以上适合采用较合体的衣身造型，胸围宽松量通常为6~12cm。

后片的横向分割线以上的衣片通常较合体，分割线下部往往加入褶皱，使后片的下摆明显大于前片，形成飘逸垂落的效果。如图5-4-4，在基本款A型衬衫的后片基础上，增加横向分割线，上分割线包含了部分肩省转移量而呈现弧线形态，分割线下半部剪切增加褶皱和下摆扩展松量，此时前片下摆松量适当减小，形成后背扩展量更大的造型形态。

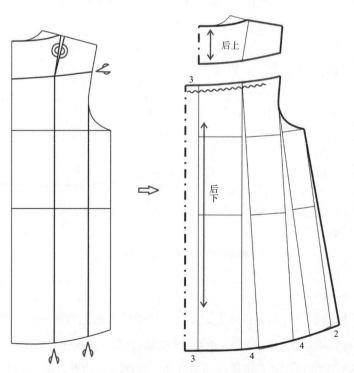

图5-4-4 A型衬衫的分割线加褶裥结构

2. 下摆形态与纸样设计

当A型衬衫的造型整体宽松，并且下摆的围度与胸围相差不大时（小A摆造型），可以将侧缝直接向外扩展进行纸样制图，此时需要注意侧缝起翘量和底边弧度合理。

当A型衬衫需要明显呈A型的宽大下摆形态时，则必须对基础纸样进行均衡切展，才可以形成整体衣片自然扩展的造型。

3. 底边收拢的O型造型

A型衬衫的衣片结构也可以将下底边收拢，穿着后形成蓬松丰满的衣褶，衬衫的廓型实际呈O型造型。

底边收拢的O型衬衫衣长通常不超过大腿根部，底边褶量不宜过大，纸样切展松量根据收拢时的褶皱效果而确定，适合采用柔软不易变形的面料进行制作。O型衬衫的底边设计可以直接将底边缝合收褶，在内侧加合体收口的贴边，使底边形态保持稳定不变形。也可以在衣身下部加单独的下摆边，衣片的下底边收褶后与下摆边缝合（纸样设计实例参见第八章"盖肩袖收下摆衬衫"）。

项目练习：

1. 收集不同造型的女衬衫造型和结构设计资料，分析女衬衫的基本结构设计类型和结构变化特征。

2. 根据当前流行趋势，自由设计女衬衫造型，完成与本节内容对应的衣身结构设计练习。

3. 进行实地市场调查，观察衬衫内部结构细节和缝制工艺的关联，参照第五节的内容，选择女衬衫某一类结构设计细节的变化进行资料收集和分析。

第五节 ｜ 女衬衫衣身的内部结构变化

女衬衫常见的衣身内部设计细节包括门襟、口袋、褶皱、开衩、装饰花边、绳带等，其中涉及到结构变化的主要有以下几类要素。

一、门襟的结构变化

门襟开口是指衣身交叠的部位，是可以打开使服装穿脱方便的设计，女衬衫的门襟开口通常位于前身、肩线或后中线，当领口和衣身足够宽大时也可以采用不开门襟的套头衫造型。

1.门襟开口造型分类

女衬衫门襟开口根据造型可以分为前开口门襟、V型门襟、半开门襟、后开门襟、交叠门襟、中式偏门襟等形式，如图5-5-1。衬衫以前中直线门襟的形式最为常见，门襟开口位于前中线，造型简洁，穿脱方便舒适，宽松造型也可以采用后中线门襟或肩部门襟。

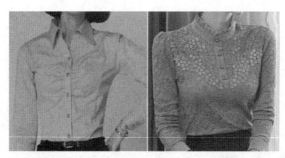

V型门襟　　　　　　　　半开门襟

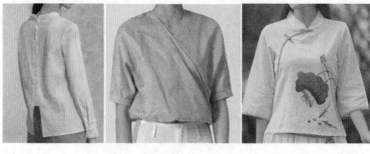

后开门襟　　　　　交叠门襟　　　　　中式偏门襟

图5-5-1　女衬衫的门襟开口造型

V型门襟是近年来流行的前中线门襟变化而来的造型，领口两侧的止口线略向内收形成V型斜线造型，相应的领长度减短，舒适性良好，具有含蓄的优雅风格，纸样设计实例参见第八章"V领泡泡袖女衬衫"。

半开门襟的门襟开口到衣身中部，较短的开口通常略高于胸围线，长的开口可以到腰围线附近。半开门襟制作时，将衣身裁片剪开至门襟下端，然后另外加装门襟、里襟等零部件配料，完成相应的造型。

前身交叠门襟外观呈较开放的大V型领口，左右片交叠时通常右侧在上，左侧里襟在下，右侧缝内部加纽扣或系带固定，外观简洁平顺。交叠门襟的纸样设计实例参见第八章"披肩领后开襟女衬衫"。

中式偏门襟又可以分为弧线、直线、琵琶襟等不同造型，风格庄重含蓄。传统的中式门襟将前身按照造型分割线裁剪为两片，外层滚边，内侧需要加装同样形态的内贴边里襟，确保扣合后外观平整、花型对位，不会露出人体肌肤。中式门襟的结构设计方法可以参考第十章"旗袍式连衣裙"纸样。

2. 缝制工艺分类

女衬衫根据门襟的缝制工艺方法，可以分为折边门襟、明贴边门襟、暗门襟、内贴边门襟等不同工艺形式，外观形态略有差异，如图5-5-2。

折边门襟　　　　　　　　　明贴边门襟

暗门襟　　　　　　内贴边门襟

图5-5-2　女衬衫的门襟工艺形式

折边门襟是直接将贴边与面料连裁，然后向反面折转贴边即可，止口线造型多为直线形态，贴边不宜过宽。折边门襟的造型简洁，制作简便，结构纸样的设计方法参见图5-2-3。

明贴边门襟在正面加装门襟贴边、里襟贴边并缉明线固定，门襟形态稳定，偏向于职业化、中性化风格，适用于立领、分体翻领等封闭式领型，纸样设计方法参见图5-3-4。

暗门襟的折边向内折叠3层，在下层折边锁扣眼，与里襟扣合后正面看不到纽扣。暗门襟的结构设计方法与明门襟基本相同，造型简洁精致，工艺相对复杂，适合较轻薄的面料。

内贴边门襟适用于门襟对合而没有交叠量的衬衫，如采用盘扣的中式风格设计，确保衣身左右扣合后不会露出内部肌肤。衣身止口线与单独的内侧贴边缝合，直线门襟加长方形贴边，异形门襟贴边的纸样设计方法参见第十章"旗袍式连衣裙"中的图10-4-20。

二、口袋的造型与结构变化

女衬衫的面料轻薄贴体，口袋形式以贴袋为主，略带中性化的休闲风格。合体型衬衫的贴袋不宜过大，装饰效果大于实用意义；A型衬衫通常不设计口袋，以免影响褶皱效果。

女衬衫贴袋通常位于前片的胸上部，可以单独在左片，也可以左右片都应用。左胸袋造型与传统男衬衫的尖角型贴袋接近，袋口通常高于胸围线2~4cm，口袋至中线的距离大于口袋至胸宽线的距离，口袋长度略大于袋口宽度，如图5-5-3。

左贴袋　　　　　　　　　　加袋盖的贴袋

暗贴袋　　　　　　加扣襻的贴袋　　　　　造型贴袋

图5-5-3　衬衫的贴袋形式

宽松休闲衬衫的贴袋以方形为主，口袋的长度和宽度参考教材中的范例，按照衣身的比例适当调整。袋口位置不低于BP点水平线，口袋底边在腰围线以上（参见第八章"宽松型休闲女衬衫"）。袋口上方常加袋盖作为装饰，当面料较硬挺时，需要设计纽扣等加以固定，否则袋盖容易翘起变形。

衬衫采用较厚实的面料时可以制作暗贴袋，袋口可以使用挖袋工艺或在分割线上设计插袋，表面可见口袋造型的明线装饰，在衬衫内层加袋布固定，兼具实用和装饰功能。

加长款的春秋休闲衬衫可以在腰线以下设计贴袋，口袋造型更加自由，尺寸需要能容纳手部活动，袋口尺寸大于12cm，接近于外套的贴袋形式。

三、褶皱结构变化

女衬衫的褶皱设计应用广泛，既可以代替省道起到合体塑形作用，也可以形成富有装饰性的局部立体变化，设计时根据不同面料和设计风格而加以选择，如图5-5-4。

塔克褶　　　　　　　　　压烫定型褶

橡筋线缝制褶　　　　　包含省量的褶　　　　　分割线加褶

图5-5-4　衬衫的褶皱设计

女衬衫经常搭配在外套内穿着，外露的领部和前胸上部更适合作为设计重点，在此位置经常采用塔克褶的形式，形成细密均匀的装饰性褶线。塔克褶适合选用有一定化纤成分、定型性好的面料，缝合时只需要固定褶的底部，剩余的面料折烫后自然平展，形成有序的活褶，造型庄重而富有秩序感。塔克褶的设计只形成外观的肌理变化，纸样局部形态变化，褶量缝合后通常不改变衣身的廓形和放松量（参见第八章"V领泡泡袖女衬衫"纸样设计实例）。

女衬衫轻薄贴体，可以大面积应用压烫定型褶皱的面料，而不会形成臃肿笨重的感觉。采用整体压烫成型的褶皱面料时，缝头边位置的褶皱容易松散变形，仅适合宽松直线型的整体造型，或者只用于局部造型，褶皱部位舒展膨出形成自然的形态肌理变化。

女衬衫缝制细密均匀的皱褶时常用橡筋带或橡筋线，将橡筋拉长后与面料缝合，自然收缩后就会形成自然细密的均匀皱褶，但受力时仍可以变形拉长，比机缝固定的皱褶具有更好的活动功能性。使用橡筋收皱褶的方法常用于腰线、领口、袖口等部位，也可以成组应用而形成面料肌理的变化效果，结构设计时需要按照缝合线方向留出相应的褶皱松量。由于橡筋长期受力后容易变形，橡筋形成的皱褶不适合用于肩线等经常受力的部位。

宽松型衬衫穿着时，衣片的宽松量自然垂落会形成大量的衣褶，因而局部的褶皱变化不宜过于复杂，以直线分割线加褶皱的形式为主，或者在局部增加荷叶边等单独部件进行褶皱装饰。

合体型衬衫的褶皱同时具有合体和装饰功能，当褶量等于省量时，可以达到与收省同等的合体效果；当褶量大于省量时，衣身的局部较宽松，褶皱的装饰效果更为突出。褶皱的结构设计方法可以参考第四章原型的应用变化，先按照造型绘制衣身的基本纸样，再将基本纸样进行各种剪切变形，就可以获得实用的衬衫褶皱造型纸样（参见第八章"盖肩袖收下摆女衬衫"纸样设计实例）。

四、开衩造型与结构

衬衫开衩的主要功能是为局部提供更多的活动空间，同时也具有一定的装饰性。女衬衫衣身常见的开衩形式有底边开衩和领口开衩，如图5-5-5。

女衬衫底边开衩主要用于衣身较长的款式，底边开衩加放缝头时需要留出2~3cm的内折贴边量，贴边缝头可以直接卷边机缝，也可以将贴边的缝头边缘用手针缲缝固定，正面无明线迹。

衬衫的领口开衩用于套头式造型，位于后中线、前中线或肩线，使领口穿脱方便。领前后中线的开衩可以呈U型或水滴型，上口以纽襻或挂钩固定，滚条包边或反面加装内贴边。在前领和肩线部位也可以采用门襟开衩工艺，在开口处根据造型另外缝合门襟和里襟贴边，和袖开衩的缝制工艺接近，形态稳定性好。

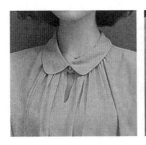

领口开衩

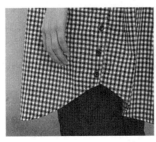

底边开衩

图5-5-5　衬衫衣身的开衩形式

五、绳带设计

　　女衬衫常使用的绳带设计包括棉绳、丝带、花边等不同材料类型，从造型上可以分为平面和立体两种形态。

　　将绳带作为装饰元素用于服装表面时，和衣片结构的关系不大，通常只需要直接缝制固定在衬衫表面的对应装饰部位。

　　当绳带用于领部、腰部、底边时，往往具有调节长度、扎束固定的功能，需要在衣身结构设计时预留出足够的宽松量，同时在衣身正面或反面添加相应的穿带贴边。将绳带穿过贴边区域内部，从开口处将绳带两端留出在外，通过调节绳带露出的长度，就可以形成不同的合体形态，绳带收缩时形成的皱褶形态也会相应改变。

第六章

衬衫领结构设计

■ ■ ■ ■ ■ ■ ■ ■ ■ ■ ■ ■ ■ ■ ■ ■ ■ ■ ■ ■

　　女衬衫的领部造型设计和衣身相对独立，是上装中最吸引人视觉关注的部位，其设计既需要考虑美观因素，又要适合人体颈部的活动规律，确保穿着舒适。女衬衫常见的领型分为领口领、立领、翻领、平领四大类，在人体颈部形成不同的合体形态，结构设计的方法各有差异，具体造型和结构设计细节灵活多样。

第一节 | 女衬衫的衣领与衣身领口

导学问题：

1. 女衬衫的领子造型怎么分类？

2. 衬衫领口的结构设计与人体形态有什么关系？

3. 领口领的结构设计变化有哪些限制？

一、女衬衫的衣领造型分类

衣领接近于人的头部和面部，是上装中最引人关注的部位，衬衫领的设计既要考虑女性脸型、流行时尚等美观因素，又要考虑领子和人体颈部、肩部形态的关系，以适合人体颈部的活动规律，确保穿着舒适。

女衬衫的衣领造型有多种不同的分类方式，参见图6-1-1。

圆领	鸡心领	小方领	飘带领		无领	装领

• 按照领子外观形态分类　　　　　　　　　　　　　• 按照部件的组成方式分类

立领	翻领	平领	驳领	关门领	开门领

• 按照结构设计原理不同分类　　　　　　　　　　　• 按照穿着状态分类

图6-1-1　女衬衫的衣领造型分类

① 领子按照外观形态可以分为圆领、鸡心领、小方领、尖领、娃娃领、飘带领、荷叶边领等，通常根据直观形象而得名，是日常生活中通俗化的称呼。

② 领子按照部件的组成方式可以分为无领和装领。无领以衣身的领口线作为领造型，装领则是指在领口线上拼装各种造型的衣领。

③ 领子按照装领造型可以分为立领、翻领、平领和驳领，每种领型的结构设计原理不同，形态多样，是衣领结构设计中最重要的分类方式。

④ 领子按照穿着时的状态可以分为开门领和关门领。衣身上部敞开的造型是开门领，如驳领；衣身完全闭合的造型是关门领，如立领。

二、人体的颈部形态与领口设计

1. 人体的颈部形态

人体颈部的骨骼结构决定了颈部和头部的活动功能，颈椎自然前倾形成前低后高的形态，前倾角度约为17~19°。颈后中点BNP、前颈窝点FNP是测量人体尺寸的重要定位点，也是决定颈部前后活动的基准点。由于颈部骨骼被肌肉环抱，侧面的肩颈点SNP是决定颈部侧面活动的基准点，但肩颈点SNP的定位区分并不明显，往往需要结合正面与侧面的观察才能确定。总体而言，由颈后中点、前颈窝点、肩颈点所确定的颈根围是领子与颈部合体形态最基础的定位依据，也是衣身领口设计的参照基准，参见图6-1-2。

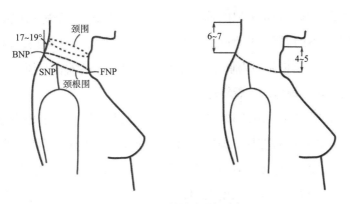

图6-1-2　人体的脖颈部形态

人体脖颈部从正、背面观察时为上细下粗的形态，从侧面观察时的粗细变化并不明显，这意味着颈部并非曲率一致的圆台形态。同时人体颈部形态的个体差异很大，当身高和胸围相同时，颈根围、颈围、脖颈长度和侧颈角度都有很大的差值范围。设计贴合颈部的高领造型时，往往不仅需要考虑颈根围尺寸，还需要测量颈中部的颈围尺寸，颈围与颈根围的差值通常约为2.5cm。

2. 领口的基本结构

衬衫的衣身和衣领相互结合形成整体造型，因而衣领的结构既要考虑衣身的领口位置和形态，也要考虑领子与衣身缝合后所形成的立体形态，在颈部形成多种变化微妙的结构形式。

衣身的领口也称为领窝，从衣身的的结构设计要素来看，影响领口造型的主要因素有横开领、直开领的大小和领口（领窝）弧线的形态，参见图6-1-3。

横开领也称为领宽，指领口的水平宽度。原型的横开领对应人体侧颈点 SNP 位置，如果领宽小于人体侧宽，会使领口侧面受力翘起或起皱，因而女衬衫的横开领通常≥原型横开领（前横开领 $B/24 + 3.4$，后横开领 $B/24 + 3.6$）。后横开领通常比前横开领加大 0.2~0.5cm，是由于人体颈背部活动多为前倾方向，前领口更容易松脱离开人体，将前领宽适当减小可以使前

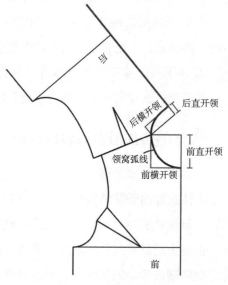

图6-1-3　领窝的基本结构

领口弧线缩短，穿着时更容易紧贴身体，开口较大的领型所适用的前后横开领差也较大。

直开领也称为领深，是指领口的垂直开深量。原型的前直开领（$B/24 + 3.9$）基本对应人体的前颈窝点 FNP 位置，原型的后直开领（后横开领 $/3 = 2.3$~$2.5cm$）对应人体颈后中点 BNP 位置，符合人体颈根围前倾的自然状态。女衬衫的前直开领通常大于或等于原型直开领，否则会影响颈部的穿着舒适性。

当领子造型需要贴合脖颈部时，领口线位于颈根围附近，与原型的领弧线形态相似，横开领或直开领可以略增加，画出领口造型线即可。当领子造型远离脖颈或没有单独领子时，领口形态的设计更为自由，但需要确保肩背部位受力均衡。对于套头式衬衫需要注意一点，前、后领口线的长度之和必须大于头围，否则需要加上开口的设计才能方便穿着。

三、女衬衫的领口领造型与结构设计

无领设计也称为领口领，衣身领口边缘的形态就是衣领造型，没有单独的领身。缝制时需要沿领口线采用折边或滚边工艺，或者在衣领内增加同形贴边，沿领口线缝合后向内翻折。

衬衫的领口领形式多样，由各种弧线、直线组合而成，还可以加入分割、褶皱等装饰性结构元素，形成圆领、V型领、方领、垂领等不同造型，参见图6-1-4。

图6-1-4　女衬衫的领口领造型

1. 圆领造型与结构设计

圆领是女衬衫领口领最常见的基础领型，造型风格简洁随意，结构设计原理如图6-1-5。

女衬衫大多数的圆领造型比原型领口大，领宽和前领深在原型基础上通常同时增加，横开领位置通常不超过1/2肩线宽，当领宽增加量较大时，形成略显扁平的椭圆形领造型，领深增加量较大时则形成接近U型的造型，如图6-1-5中的不同线型所示。后领宽略大于前领宽0.2~0.5cm（与原型前后领宽的差值接近），后领深和原型相同或适当

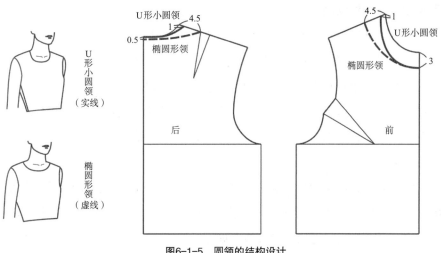

图6-1-5　圆领的结构设计

降低，使后领弧线符合肩背部自然扩展的外弧形态即可。领口弧线与前、后中线需保持垂直，使左右领弧线拼合后整体圆顺。

2. V型领造型与结构设计

V型领的领口线斜向相交，可以形成拉长颈部的错视效果，结构设计原理如图6-1-6。

V型领的领宽通常接近侧颈点，与原型领宽接近，前领深明显加大，前领口线呈接近V型的弧线，侧颈部位的曲线通常位于原型的领口弧线以下，以免领口过紧起皱。

作为日常着装时V型领的前领深通常不低于BP点的水平线位置，一方面不过于暴露，另一方面使胸围呈整体封闭形态，活动时领口不容易变形。

V型领的后领宽与前片接近，后领弧线通常接近原型的领口弧线。紧身合体型衬衫或连衣裙的后背可以采用V型领设计，后领深最低可到腰线，但相应的前领深贴合颈根部，领宽较窄，以避免穿着时领口无法固定而侧移变形。

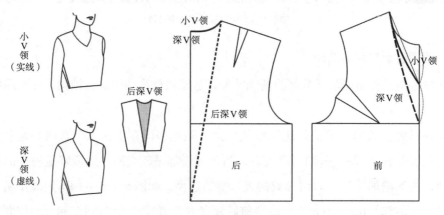

图6-1-6 V型领的结构设计

3. 方领造型与结构设计

方领是指领口线基本为方形的领型统称，此类领的形态设计较为自由，还可以呈现U型、钻石型、鸡心领、不对称型等造型，因前领两侧袒露较多而具有含蓄性感的设计风格。

方领的领宽在原型基础上加大，横开领位置通常不超过肩线的一半，后领宽大于前领宽0.2~0.5cm。当前领口较低时，更适合采用领口下边为斜线或弧线的钻石领、鸡心领等造型。后直开领不宜过大，否则肩背部受力面积过小会造成肩线不服贴，活动时领口和后片容易前移。

由于方领的前领开口宽而低，容易造成前领口浮起不贴身，在设计领口造型时往往先加入0.3~0.5cm领省量（领省剪切线位置符合领口受力方向），然后将领省量转移至袖窿等其它部位，可以使领口更加贴伏合体，如图6-1-7。

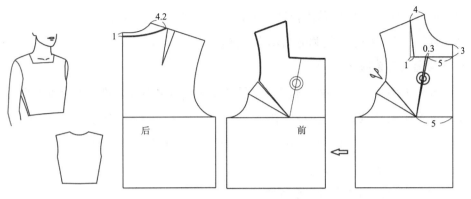

图6-1-7　方领的结构设计

4. 一字领造型与结构设计

一字领是指开口较宽而浅、领口线接近水平的领型，包括船型领、露肩一字领等造型。此类领型会产生横向扩张的视觉感，更适合脖颈修长的体型穿着。

一字领的领宽比原型明显加大，横开领位置通常超过肩线的一半，前、后领宽的差量也可以适当加大，露肩造型的领宽甚至可以略大于肩宽。当领宽较大时，前领深可以比颈窝点适当抬高，后领深适当降低，如图6-1-8。

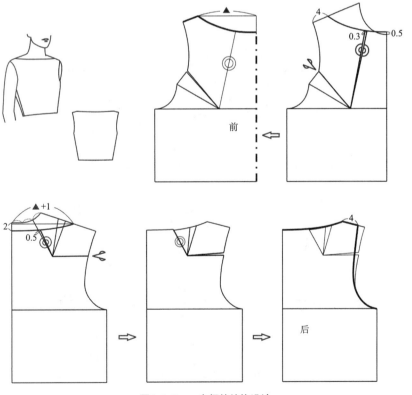

图6-1-8　一字领的结构设计

为了使一字领造型更加贴伏合体，可预先设计前、后领口省量约0.5cm，合并转移至袖窿位置，与方领的领省转移方法基本相同。

5. 垂领造型与结构设计

垂领也称为荡领、垂荡领、环浪领、罗马领，是前领中线自然垂落形成堆积衣褶的领造型，适合采用柔软悬垂的面料制作。垂领的结构构成、褶皱形态有多种细节变化，相应的结构设计方法也有所不同，可以根据领子和衣身的关系分为两大类。

（1）垂领和衣身连为一体的结构设计（图6-1-9）

① 首先将原型的袖窿省转移至领口；

② 将前中线向外倾，使前横开领继续加大，胸围松量相应增加；

③ 将领口向上方抬高，腰线向下延长，增加前中线垂落的衣褶松量；

④ 领口和腰线都与前中线保持垂直，取前中线方向为经纱方向或45°斜纱方向。

一体化设计的垂领褶皱形态自然柔和，经常将肩线延长至侧颈，后中线适当增加领座高度，使后领整体更加紧贴颈部，有助于肩线和衣身的造型形态稳定。

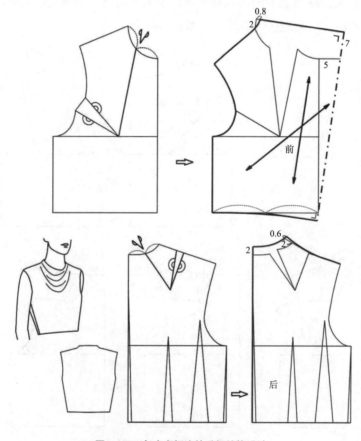

图6-1-9　与衣身相连的垂领结构设计

（2）垂领和衣身分开的结构设计（图6-1-10）

垂领单独作为衣领部件时可以和衣身分割开来，此时经常使用不同面料进行拼接，分割线造型和褶皱形态的设计更加灵活。

① 首先确定衣身的基本造型纸样（有无领座均可），没有领座的后领弧线设计与原型领口相同；

② 在前身设计领下口的造型分割线，分割后的衣身下部作为前衣片；

③ 将分割线以上的领部添加纸样剪切辅助线，纸样剪切时在肩线处加入顺向褶裥，能够有效控制垂褶的数量和方向；

④ 绘制领部纸样的轮廓线，领上口线与前中线保持垂直，以前中线方向作为经纱方向或45°斜纱方向，获得相应的衣领纸样。

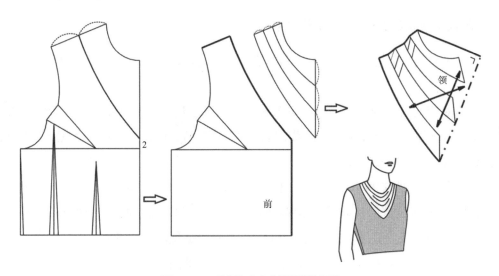

图6-1-10　垂领与衣身分开的结构设计

项目练习：

1. 收集不同造型的女衬衫领口领造型，分析女衬衫的领口设计和人体结构的对应关系。

2. 进行实地市场调查，观察女衬衫领口领的内部结构细节和缝制工艺，分析不同工艺的外观细微差异，了解衣领缝制工艺和面料类型的关系。

第二节 | 立领的结构设计

导学问题:

1. 立领结构和人体颈部形态有什么关联?

2. 立领长度与衣身的领口弧线长度是否相等?

3. 立领的前领起翘量根据什么确定?

一、立领的基本形态与人体的关系

立领是指直立围绕颈部的领型,衬衫立领的衣身领口和领子通常紧贴颈部,造型简洁挺拔。

立领对应的衣身领口弧线通常位于人体颈根围附近,前领口弧度大而后领口弧度小,基本符合原型领口弧线。立领围绕脖颈呈竖立状的造型,立领的下口弧线与衣身领口弧线缝合,两者的长度通常相等。

立领穿着时的状态可以分为直立、内倾、外倾三种形态,与颈部的贴合程度不同,对应三种基本的立领结构,影响其合体程度的关键在于领下口弧线的形态,参见图6-2-1。

① 当领下口线为直线时,立领穿着时呈圆柱形,从领窝向外略扩张(A款);

② 当领下口线为上翘的弧线时,立领呈上小下大的圆台状,向内贴合颈部(B款);

③ 当领下口线为下弯的弧线时,立领呈上大下小的倒圆台状,领向外倾斜而远离颈部(C款)。

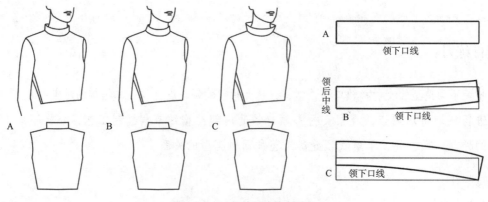

图6-2-1 立领的三种基本形态

二、合体型立领的结构设计

1.合体型立领的基本结构

合体型立领是立领的基本型，对应图6-2-1中B款的内倾立领形态，领口弧线位于人体颈根围附近，在原型领弧线的基础上可以适当增加领宽和前领深，以获得更好的舒适性。

女衬衫的面料轻薄，日常服装不适合采用厚硬的衬垫材料，因而立领造型适合采用较低而轻便的设计。立领后中线的高度通常不超过后颈长度的1/2，前领中线的高度与后领高度一致或适当减小，往往将前领上口设计为圆角，确保低头时活动方便舒适。

合体立领的下口弧线为向上起翘的形态，后中部的弧线接近水平，使后领基本保持竖直；从肩部到前领的曲线弧度均匀，立领穿着时自然地包围肩颈。整体而言，领下口弧线的起翘量越大则领子越贴近颈部，对颈部活动的限制越大；起翘量越小则领口与人体的间隙越大，舒适性越好。按照人体的侧颈角度平均数据9°而言，女衬衫合体立领对应的前领下口起翘量通常为1.5~2.5cm。

2.合体型立领的结构制图

本款合体立领可以配合基本型合体收腰女衬衫的衣身（参见第五章图5-3-3），立领造型较合体。首先测量衣片的领口弧线获得前、后领弧长（例如前领弧长◎ = 11.9cm，后领弧长○ = 8.2cm），按照以下制图步骤完成立领的结构设计，参见图6-2-2。

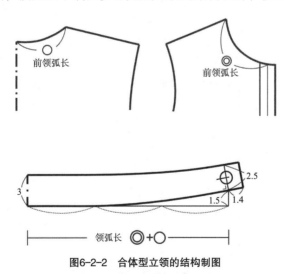

图6-2-2 合体型立领的结构制图

① 绘制领后中线，高度为领宽3cm。

② 从领后中线下方作水平线，长度为测量衣身所获得的前领弧长 + 后领弧长（◎ + ○）。

③ 将领子的长度3等分，取前领下口起翘量1.5cm，画顺领下口弧线，后中1/3接近水平，向前延长前衣身的止口宽度1.2~1.5cm。

④ 绘制前领中线、前领止口线与领下口弧线保持垂直，取前领中线长2.5cm。

⑤ 绘制领上口弧线，后中部约1/3的曲线基本保持水平。

⑥ 前领中线的中点为纽扣中点，画出相应的纽扣位置（直径1cm）和纽眼位置（0.3 + 1cm）。

三、低开口立领的结构设计

低开口立领是指前领口明显开低、后领呈贴颈竖立状的造型，比一般的合体立领舒适性更好，常用于改良的中式服装、休闲衬衫等。

低开口立领的衣身领口，在原型基础上将前直开领加大，领宽比原型领宽略加大，前领口弧线比合体立领的领口加大而弧线偏于平直，后领口弧线与原型领口线形态接近。

低开口立领制图时需要在前身衣片的基础上叠加绘制衣领结构，靠近前中线的领下口弧线和原领口弧线高度吻合，才能使衣身和领子基本处于一个平面，自然贴合人体下颈部。低开口立领的结构制图方法如图6-2-3。

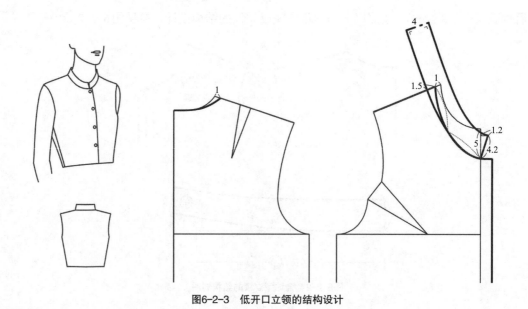

图6-2-3　低开口立领的结构设计

① 绘制衣身结构，测量前领弧长和后领弧长。

② 立领下口弧线与领口的前半段重合，向上延伸至肩线，肩线以上呈直线，领下口

弧线长度与前、后领弧长之和相等。

注意：肩线位置的领重叠量通常小于或等于1/2后领宽，肩线的重叠量越小，则领下口弧线与上口弧线的差值越大，立领越向内倾而贴合于颈部；肩线的重叠量越大，则领下口弧线与上口弧线的差值越小，立领越向外倾而更加宽松。

③绘制领后中线：与领下口弧线垂直，后领宽4cm（后领高度通常3~5cm），连裁。

④绘制领外口造型线：肩线以上的后领部分基本呈方形，前领中线与领口弧线前端保持垂直或略向内收，前领上口造型可以灵活设计。

四、外倾型立领的结构设计

外倾型立领的领下口线向下弯曲，领身整体向外倾斜呈倒圆台状，常用于中式礼服。外倾型立领中最常见的凤仙领源于民国时期，打破了传统中式立领贴伏于颈部的基本形态，后领较高，前领口呈逐渐降低的弧线，使头颈部保持足够的活动松量，结构设计方法如图6-2-4。

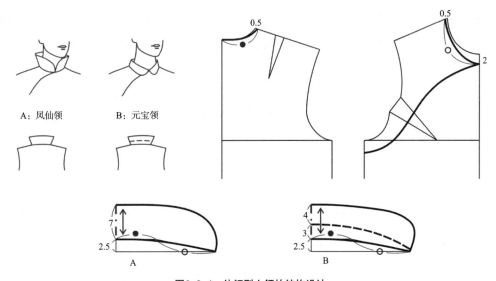

A：凤仙领　　　B：元宝领

图6-2-4　外倾型立领的结构设计

①绘制衣身领口结构：领口弧线略大于颈根围，前领深可以适当降低，前领弧线较平直；测量前领弧长和后领弧长。

②绘制领后中线，高度接近后颈长度。

③确定领下口弧线：后领中部水平部位长度与衣身的后领弧长相等；前领中线适当下落，前领斜线等于衣身的前领弧长；画顺领下口弧线，与后中线保持垂直。领底弧线

向下的弯度越大，则领外口造型越向外扩张。

④ 确定领外口弧线：与后中线保持垂直，前领高度逐渐降低呈弧线造型，使活动时更加方便舒适。领造型完全直立时即为图中的A款凤仙领，内部通常需要加硬挺的衬垫材料，起到支撑定型的作用。根据基本领型增加领翻折线后，按照造型设计向外翻折的前领结构，即为图中的B款元宝领。

五、宽松褶皱立领的结构设计

宽松型褶皱立领的衣身领口弧线位于人体颈根围附近，领子不必紧贴颈部，领下口线为直线或略向上翘的弧线。如图6-2-5为加褶皱的宽松立领结构，在领底弧线位置加均匀的皱褶，褶线延展至领外口，适合采用定型性较好的面料制作。

① 绘制衣身结构，领口弧线略大于原型领口，测量前、后领弧长。

② 根据合体型立领造型绘制领基础纸样。

③ 将领基础纸样等分，切展增加适当的褶皱松量，领底弧线和外口线的切展松量可以不相等，从而达到所需要的褶皱造型，如图6-2-5中的A款。

由于褶皱立领的合体度不高，也可以在水平方向增加适当的褶皱松量直接确定领底弧线长度，相当于领底和领外口线增加的褶皱松量基本相等，如图6-2-5中的B款。

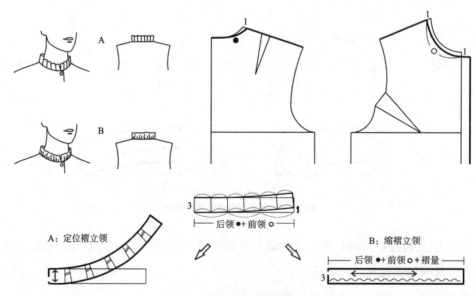

图6-2-5　宽松褶皱立领的结构设计

第三节 | 翻领的结构设计

导学问题:

1. 翻立领和立领的结构有什么关联?

2. 翻立领和连体翻领有什么相似和不同之处?

3. 直线型连体翻领和弧线型连体翻领有什么差异?

一、翻领的造型分类

翻领也称为企领,其造型由贴合颈部向上直立的底领(或称领座)和底领外围向下翻折的翻领两部分组成。底领在衣领隐蔽的内侧,因需要贴合颈部而受到功能限制,造型和结构变化不大;翻领在衣领外侧,适合各种造型变化,受到流行时尚影响较大。

根据底领和翻领的结合方式,翻领可以分为翻立领和连体翻领两种类型,如图6-3-1。

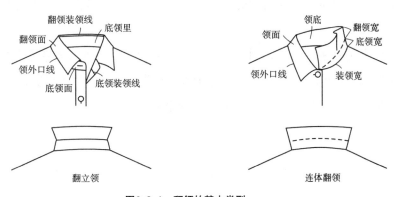

图6-3-1 翻领的基本类型

1. 翻立领

翻立领也称为分体翻领或分体企领,由独立的两部分组成。内部为合体的立领领座,也称为底领;外部的翻领与底领外口线缝合并向下翻折。翻立领以领子正常翻折时对外的方向作为正面,因而翻领面与底领里缝合拼接,翻领里与底领面拼接,底领的上边线与翻领下边线缝合后共同构成领翻折线。

2. 连体翻领

连体翻领为底领和翻领相连的整体结构，翻折线以下的部位直立贴合颈部，翻折线以上折烫向外翻下，造型与翻立领接近，但较为宽松，也称为连体企领。

二、翻立领的结构设计

1. 翻立领的结构制图

女衬衫翻立领的领座贴近脖颈，衣身的领口弧线位于人体颈根围附近，与原型的领弧线形态接近。本款翻立领可以配合合体收腰型女衬衫的衣身纸样（参见第五章图5-3-3），结构制图方法如图6-3-2。

① 测量衣身领口弧线获得前、后领弧长（实测取前领弧长◎ = 11.8cm，后领弧长○ = 8.2cm）。

② 绘制领座长度等于前、后领弧长之和，后中线底领宽3cm。

③ 前领下口起翘量1.2cm，确定领下口弧线，如果有前门襟开口则延伸增加相应的止口宽度。

④ 前领中线与领下口弧线保持垂直，取2.5cm为前领座高度，画顺底领的上部弧线造型。

⑤ 后领中线从底领向上取2.5cm为翻领下口线，与底领前中线上端相连，后中1/4接近水平。

⑥ 取后中线翻领宽4.2cm，作水平线，与前领中线的垂线相交并延长2.5cm。

⑦ 从2.5cm处向上作垂线，取斜线长度7.5cm作翻领的前领角线造型。

⑧ 画顺翻领外口造型弧线，后中1/4接近水平。

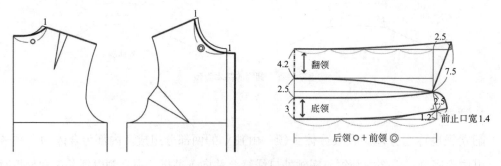

图6-3-2　翻立领的结构制图

2. 翻立领的造型与结构变化

翻立领的底领结构与立领相似，前起翘量通常为1.2~2.5cm（对应领底边夹角6~9°），起翘量越大则底领造型越贴近脖颈。底领的下口弧线长度与衣身领口弧长相等，当前领中部不重叠时，底领前方不需要止口交叠量，参见图6-3-3。

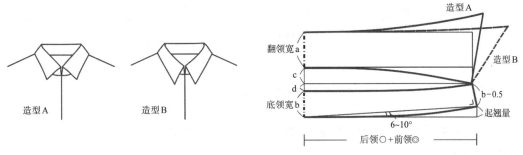

图6-3-3　翻立领的造型和结构变化

翻立领的后领高度不仅与后颈长度有关，也受到翻领造型的限制。后中线的底领宽b通常为2.5~4cm，翻领宽a略大于底领宽，通常而言，翻领与底领的宽度差量（a−b）为1~1.5cm，前中线的底领高度略小于后中线底领宽，使翻领向下翻折后盖住底领与领口的缝合线。

翻领与底领之间的距离和翻领向下翻折的形态有关，底领上口弧线的弯度较平直，翻领下口弧线的弯度较大，翻领与底领的后领弯度差量（c−d）越大，则翻领越向外扩张，翻领与底领之间的间隙越大，通常取c≈2d。

翻领的前领外口线造型设计自由，领宽度和领角造型均可调整，受到流行时尚的影响大。前领角斜线向外倾斜的角度越小，则左右领之间的夹角越大（造型A）；反之，前领角斜线向外倾斜的角度越大，则左右领之间的夹角越小（造型B）。

三、连体翻领的结构设计

女衬衫的连体翻领和翻立领的外观造型相似，但底领与翻领连为整体。连体翻领的结构形态可以分为两种：翻折线贴合颈部的直线型连体翻领，翻折线远离颈部的曲线型连体翻领。

1. 直线型连体翻领

直线型连体翻领的衣身领口弧线位于人体颈根围附近，前领深可以适当增加，领口弧线与原型的领弧线形态接近。领子的穿着形态与翻立领接近，后领直立贴颈，领子内侧基本贴合颈部，翻折线接近于直线。

直线型连体翻领的结构制图方法如图6-3-4，可以配合半合体直身型女衬衫基本款的制图（参见第五章图5-2-3）。

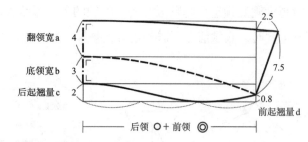

翻领宽a 4
底领宽b 3
后起翘量c 2

2.5
7.5
0.8
前起翘量d

后领 ○ + 前领 ◎

图6-3-4　直线型连体翻领的结构设计

① 首先绘制衣身结构图，测量衣片前、后领弧长（实测前领弧长◎ = 11.9cm，后领弧长○ = 7.8cm）。

② 绘制领后中线，高度为后领起翘量c = 2cm，底领宽b = 3cm，翻领宽a = 4cm。

③ 从领后中线下方作水平线，确定领长为前领弧长◎ + 后领弧长○。

④ 将领子的长度3等分，取前领起翘量d = 0.8cm；过前1/3等分点，画顺领下口线呈两边上翘的弧线，与后中线保持垂直。

⑤ 绘制领翻折线至前领起翘点，后中部接近水平，翻折线前段偏向于直线，使后中线到颈侧的领座高度接近，前身领座高度均匀减小。

⑥ 根据造型确定前领角斜线（长7.5cm，从垂线向外2.5cm）。

⑦ 根据造型绘制领外口造型弧线，与后中线保持垂直，弧线圆顺。

直线型连体翻领的翻领宽度a通常略大于底领宽度b（a−b = 1~1.5cm）；前领起翘量d通常为0.5~1cm，使前领下口弧线与衣身领口弧线的前半段形态接近；后领起翘量c通常为1.5~2.5cm（c ≥ 2d）。

2. 曲线型连体翻领

曲线型连体翻领穿着时的翻折线呈弧线而远离颈部，翻领造型外扩而平展于肩部。衣身的领口弧线通常大于颈根围，横开领和前直开领都可以适当加大。

曲线型连体翻领的结构制图方法如图6-3-5，可以配合半合体直身型女衬衫基本款的衣身制图（参见第五章图5-2-3）。

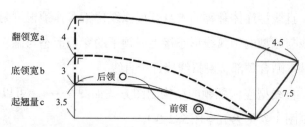

翻领宽a 4
底领宽b 3
起翘量c 3.5

4.5
7.5
后领 ○
前领 ◎

图6-3-5　曲线型连体翻领的结构设计

① 首先绘制衣身结构图，测量衣片前、后领弧长（实测前领弧长◎ = 11.9cm，后领弧长○ = 7.8cm）。

② 绘制领后中线，高度为后领起翘量c = 3.5cm，底领宽b = 3cm，翻领宽a = 4cm。

③ 从领下口线做水平线长度为后领弧长○；从后领弧长水平线端点向领底水平线相连做斜线，长度为前领弧长◎；画顺领下口弧线呈向下弯曲的弧线，与后中线保持垂直。

④ 绘制领翻折线呈均匀的弧线，与后中线保持垂直，从中部至前领的高度逐渐减小。

⑤ 根据造型确定前领角和领外口造型线，与后中线保持垂直，弧线圆顺。

曲线型连体翻领的翻领宽度a可以明显大于底领宽度b（a−b = 1~3.5cm）；后领起翘量c与领宽有关，翻领宽和底领宽的差量越大则起翘量越大，对应的翻领外口线与领下口线的长度差越大，翻领越向外平展，通常而言c =（a−b）× 2~3。

项目练习：

1. 进行实地市场调查，观察女衬衫立领的不同造型，分析女衬衫立领结构设计和人体的对应关系。

2. 进行实地市场调查，根据翻立领和连体翻领的分类，观察女衬衫翻领的内部结构细节和人体的关系，分析缝制工艺和面料类型的关系。

3. 进行实地市场调查，观察女衬衫立领的造型变化和内部结构细节，分析缝制工艺和面料类型的关系。

第四节 ｜ 平领的结构设计

导学问题：
1. 平领的领底弧线和衣身的领口弧线有什么关联？
2. 平领造型有哪些常见的变化形式？

一、平领的基本造型与结构

平领造型平展于衣身的肩、背、胸部，是基本无领座的领型，也称为平翻领、坦领、摊领、披领。由于平领没有领座，受到颈部形态的限制少，领口线的位置和形态设计更为自由，横开领和前直开领都可以自由增加，和领口领的结构设计相似。

平领在制图时首先需要将前、后衣片在肩线处拼合，在衣身纸样上直接绘制领型。本款平领可以配合A型女衬衫的衣身制图（参见第五章图5-4-2），结构制图方法如图6-4-1。

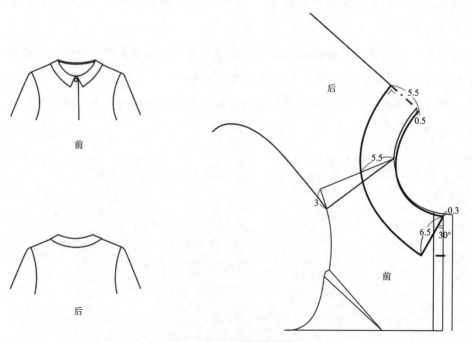

图6-4-1 平领的基本结构

（1）拼合前后片肩线，在侧颈点重合，前后肩线重叠量3cm。

（2）绘制领底弧线：后领中线向上抬高增加领座量0.5cm，前领中线向下0.3cm，领下口弧线与衣身领口弧线形态基本一致。

（3）根据造型确定后领中线宽度为5.5cm，肩线位置的领宽度与后领中线宽度接近。

（4）绘制领外口弧线：后领与后中线保持垂直，领外口线根据造型需要而设计，图中领型为经典的彼得潘领。

二、平领的主要结构变化

1. 基本构成要素的变化

平领的结构基本形态主要涉及到衣身领口线、领底弧线和领外口造型线等构成要素。

女衬衫平领所适用的衣身横开领位置通常不超过人体肩幅宽度的1/3，从而保持肩线受力形态的稳定。后领深不宜过低，否则容易造成领向外翘而露出缝合边。前领深可以根据造型而调整，接近V型领口的结构设计。

前、后身纸样在肩线拼合时可以留出一定的重叠量，使领口线弯度略小于衣身，领外口线能够紧贴肩部。肩线的重叠角度通常为10~15°，对应的肩点处重叠量通常为1/3~1/4肩线长度，重叠量越大则领外口越贴近肩部，重叠量越小则领外口越宽松舒展。

后领座抬高的领座量直接影响领底弧线形态，使领底弧线的曲度略大于领口，缝合后的领后中位置略向上拱起，形成领座而遮挡住领口缝线。女衬衫的面料轻薄柔软，后领座高度通常仅0.5~0.8cm，领底弧长和衣身领口弧长相等，当领底弧长不足时可以适当降低前中线位置。

平领的外口线造型设计自由，大型披领造型的肩部宽度通常不超过肩点，后领宽可以加长形成向下的披肩领，如图6-4-2飘带海军领的结构设计（制图时先完成造型所需的衣身纸样设计，本款参考了半合体直身型女衬衫制图5-2-3，前领口线向下6cm呈V型造型）。

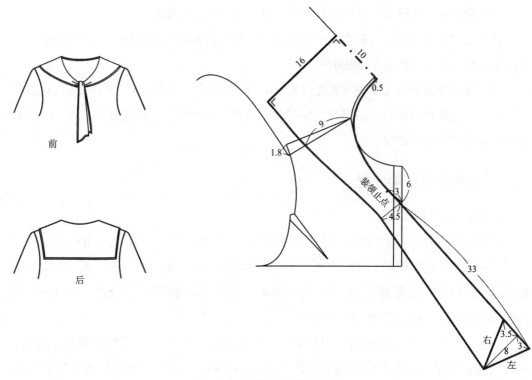

图6-4-2 飘带海军领的结构制图

2. 立体形态的变化

女衬衫的面料轻薄，适合采用多层次面料堆叠、褶皱等形式，常用荷叶边领等造型变化。平领的立体形态变化主要是通过纸样切展的形式，在适当的造型部位增加面料松量，从而形成立体化的褶皱形态。

在图6-4-1平领基本结构的基础上，使用不同的纸样切展方法可以获得变化立体造型的领结构纸样，如图6-4-3。

A款：将前领做4等分并确定剪切辅助线，领外口线长度基本不变，在领底弧线增加切展松量；不改变平领造型，形成前领口内侧加褶皱的装饰效果。

B款：将领子整体作7等分并确定剪切辅助线，领底弧线长度基本不变，领外口线增加切展松量，使外口线加长后呈现自然起伏的波浪状领边，适合采用稍硬挺的面料制作。

C款：将领子整体作7等分并确定剪切辅助线，在领底弧线和领外口线都增加适当的切展松量，领口线的切展量缝合固定成为自然皱褶，褶线自然延展呈现舒展的荷叶边造型。本造型适合采用柔软、悬垂性好的面料制作，当褶量较大时，也可以计算出适当的领长度，直接简化使用长方形的领结构制图。

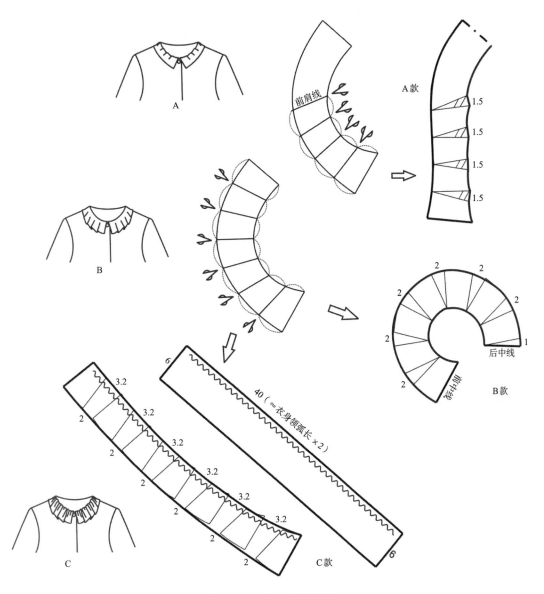

图6-4-3 平领的立体结构变化

第七章

女衬衫袖结构设计

女衬衫的衣袖包裹人体手臂，由于肩关节和手臂活动的限制，袖子的造型设计既与衣身相对独立，又有一定的功能性联系。袖子的结构形态可以分为袖山和袖身两部分，袖山部分的结构设计与衣身袖窿的相关度较高，袖身的结构设计更多考虑袖造型和手臂的活动功能，通常需要先确定袖山的结构，然后设计袖身结构。

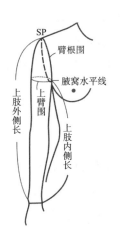
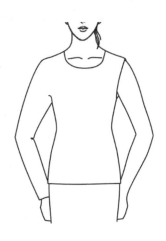

第一节 | 女衬衫袖的造型分类

导学问题：

1. 女衬衫的袖长根据什么确定？

2. 女衬衫的袖子和衣身之间有什么联系？

女衬衫的袖子是款式变化的重要设计部分，造型多种多样，常见的分类方式有以下几种：

一、袖长分类

袖子的长度可分为无袖、短袖、长袖三大类，其中短袖又可以细分成超短袖、短袖、中袖、中长袖等不同的长度，参见图7-1-1。

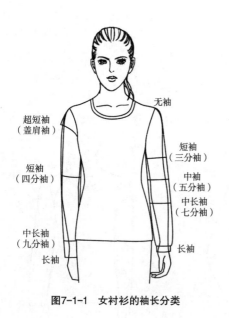

图7-1-1 女衬衫的袖长分类

① 女衬衫的超短袖造型也称盖肩袖，袖长小于袖山的高度，袖口边在人体臂围以上。

② 女衬衫的短袖通常位于大臂的中上部，根据手臂的整体比例而称为三分袖或四分袖。宽松休闲风格的短袖相对较长，合体衬衫的短袖长度通常较短，袖底缝需要保持一定长度，确保缝合后的袖底缝形态稳定。

③ 中袖的长度位于袖肘附近，由于肘关节活动时容易与袖口摩擦，适合较宽松的袖口造型。

④ 女衬衫的中长袖也称为七分袖或九分袖，长度位于小臂的中部，恰巧露出纤细的前臂和手腕，适合较合体的袖口造型。

⑤ 女衬衫长袖穿着时的长度通常略超过腕骨，取全臂长＋相应造型长度。

二、袖子和衣身的拼接形式分类

衬衫袖子与衣身连接的形式决定了袖山的基本结构，主要分为四种，参见图7-1-2。

1. 无袖

没有单独的袖子结构，衣身袖窿的形态即为袖造型，当衣片肩宽小于人体肩宽时为窄肩无袖造型，大于肩宽时形成短连袖造型。

2. 装袖

也称为圆袖、圆装袖，衣身和袖子在臂根围附近缝合，当缝合位置下降到手臂时也称为落肩袖。装袖是袖子的基本结构，袖身造型和活动机能与衣身造型基本无关。

3. 插肩袖

袖子部分与衣身相连，袖子与衣身的活动有一定关联，适合较宽松的衣身造型。

4. 连身袖

袖子整体与衣身相连，袖子与衣身的活动高度关联，适合宽松的衣身造型或短袖。

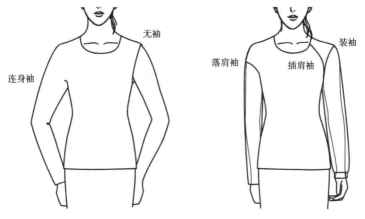

图7-1-2　女衬衫的袖与衣身拼接形式分类

三、袖造型分类

女衬衫的袖子造型繁多，按照袖子贴合手臂的程度可以分为合体袖和宽松袖，其主要根据袖子的围度尺寸而确定。

合体袖的造型整体紧窄，从上到下均衡缩减，整体贴合手臂的自然形态。宽松袖的造型更为多样，通常按照外观进行形象化命名，如泡泡袖、喇叭袖、灯笼袖等，参见图7-1-3。

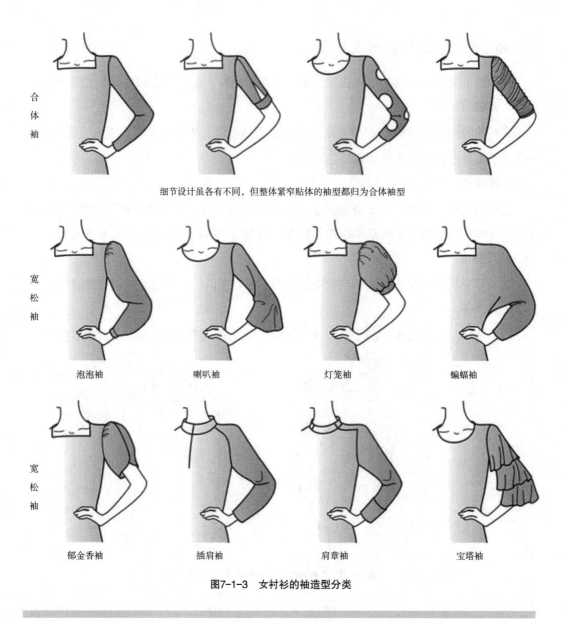

合体袖

细节设计虽各有不同，但整体紧窄贴体的袖型都归为合体袖型

宽松袖

泡泡袖　　　　　喇叭袖　　　　　灯笼袖　　　　　蝙蝠袖

宽松袖

郁金香袖　　　　插肩袖　　　　　肩章袖　　　　　宝塔袖

图7-1-3　女衬衫的袖造型分类

项目练习：

1. 收集不同造型的女衬衫袖图片，分析女衬衫的袖子造型设计和人体体型的对应关系。

2. 进行实地市场调查，观察女衬衫袖子和衣身的不同连接方式，分析不同拼接形式下的袖子造型特点。

3. 进行实地市场调查，试穿不同袖子造型的女衬衫，感受合体袖和宽松袖的活动性差异，分析不同造型、缝制工艺和面料类型之间的关系。

第二节 | 衬衫的合体装袖结构

导学问题：

1. 装袖的结构设计与人体有什么关联？

2. 衬衫装袖造型的合体度主要根据什么判断？

3. 女衬衫合体装袖的结构有哪两种类型？

一、人体形态与合体装袖的造型

1. 手臂的形态和活动功能

人体的手臂与躯干在肩部连接，肩头的关节形态类似于球状曲面，可以将经过肩点、前腋点和后腋点的臂根围视为手臂与躯干的分割线，前腋点略高于后腋点。手臂外侧的臂长（肩点至腕骨）明显大于手臂内侧长（腋窝水平线至手腕折线），手臂在腋窝水平线位置拥有最大周长（上臂围），参见图7-2-1。

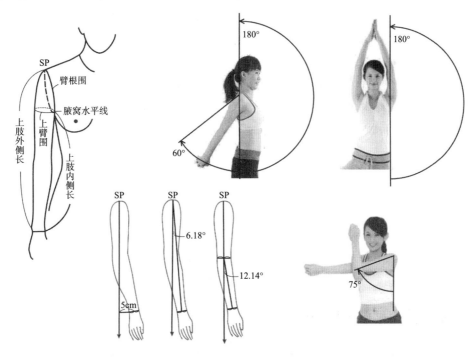

图7-2-1 人体手臂的活动形态

从人体侧面观察，上臂围位置为手臂最宽处，其宽度主要依据躯干的前后腋点距离确定，臂围以下的手臂宽度逐渐收缩。手臂自然垂落时呈向前倾斜的状态，并且大臂和小臂并非呈直线，而是在肘部形成一定的弯势。

当人体手臂活动时，上臂抬起时以肩关节为轴心，腋根处有明显的皮肤拉伸和变形，向前方、侧方活动的范围远远大于向身体后方的活动范围。

2. 女衬衫合体装袖的基本形态

女衬衫合体装袖的基本形态包括袖山和袖身两部分，整体造型简洁合体，参见图7-2-2。

合体装袖与衣身袖窿拼合的位置基本对应人体臂根围，袖子的外侧长度大于内侧长度，形成山峰状的袖山结构。肩关节活动时，袖山上部越靠近肩点所需要的活动量越小，越靠近腋根处所需要的活动量越大。合体袖山造型的袖宽通常略大于上臂围，袖宽线的位置设计略低于腋窝水平线，从而提供足够的腋下活动量。袖山宽松量的设计与衣身的胸围松量、袖窿松量、面料弹性都有关联，一方面需要合体美观，另一方面要确保肩部活动方便舒适。

女衬衫的合体袖身宽度呈现上大下小的均衡缩减形态，有开口的长袖袖口宽度通常比腕围大2~4cm，无开口的长袖袖口宽度比掌围大2~4cm。

女衬衫的合体袖身设计可以分为直身袖和弯身袖两种形态，穿着时按照手臂的自然形态略向前倾斜，在小臂后侧和袖口有一定松量，以满足小臂向前方活动的需要。

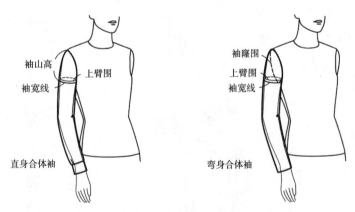

图7-2-2 女衬衫合体装袖的基本形态

二、合体装袖的袖山结构分析

对于合体装袖而言，袖身的形态相对简单，袖山的结构较为复杂，涉及到衣身的肩部和袖窿形态。决定袖山形态的结构设计要素主要有袖窿弧长、袖山高、袖宽（也称袖肥）、袖山弧长和袖山缩缝量。

1. 衣身的袖窿形态和袖窿弧长

装袖的衣身和袖子在臂根围附近缝合，袖山弧长与衣身的袖窿弧长必须基本吻合，测量衣片获得的袖窿弧长（AH）是袖山制图的基础，参见图7-2-3。

合体女衬衫的袖窿略大于人体臂根围，通常接近于原型的袖窿形态，肩点、胸宽、背宽、前后胸围宽、袖窿深都可以略做调整，使绘制完成的前、后袖窿弧长的差距不大，总袖窿弧长 AH 通常略大于1/2净胸围而小于1/2成衣胸围，使袖窿底部保持适当的活动松量。

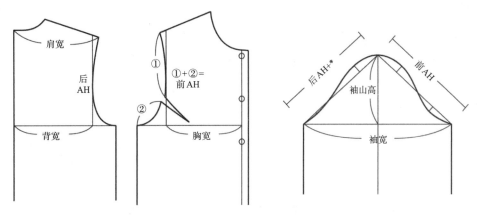

图7-2-3　衣身袖窿与袖山弧线

2. 袖山高和袖宽

合体袖袖宽与上臂围的对应关系明显，可以直观地作为造型设计的依据，但是根据袖宽尺寸进行实际制图并不方便。袖子制图时通常先确定适当的袖山高度，然后根据袖窿弧长绘制前、后袖山斜线，从而确定袖宽。测量实际袖宽后，可以根据造型需要适当修正袖山高和袖宽。

当袖窿弧长确定时，袖山高与袖宽呈反比关系，参见图7-2-4。袖山高越高则袖宽越窄，袖造型更加合体，腋底活动范围较小，袖子的整体活动机能较差（造型A）；袖山高越低则袖宽越宽，手臂下垂时袖山下部和袖底容易挤压形成衣褶，袖子的整体活动机能较好（造型B）。

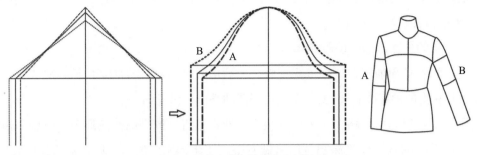

图7-2-4 袖山高与袖宽的反比关系

文化式女上装原型的袖山高根据衣身的袖窿深而确定（5/6平均袖窿深），袖山高度相对较高，袖宽较合体，相对于人体臂根围的设计松量约为4~5cm。日常穿着的合体女衬衫的袖山高通常为0.7~0.85净袖窿深，略低于原型袖山高。

由于测量袖窿深时需要合并省道和分割线，这种计算袖山高的方法较为复杂，并且衬衫袖的整体合体度通常不高，因而合体女衬衫的袖山高设计常用另一种简易计算方法：袖山高＝1/3AH（袖窿弧长）+/-（0~1cm），所对应的袖宽约为上臂围增加宽松量4~6cm。

女衬衫装袖的绱袖线不一定都会经过人体肩点位置，对应袖子的袖宽造型基本保持不变，袖山高适当调整。当衣身的肩宽略大于净肩宽时，袖山高相应地略微降低；当衣身的肩宽略小于净肩宽时，袖山高则需要相应增加，如图7-2-5。

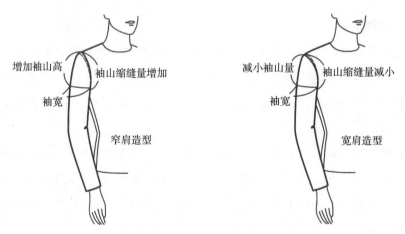

图7-2-5 袖山高与绱袖位置

3. 袖山缩缝量

装袖的袖山弧线与衣身的袖窿弧线进行缝合，袖山弧线的长度一定大于袖窿弧长，其差值即为袖山缩缝量（也称袖山吃缝量或袖山容势）。测量绘制完成后的袖山弧线长度，计算袖山缩缝量＝袖山弧长－衣身袖窿弧长。

袖山缩缝量的大小与袖山斜线长度和袖山弧线的曲度都有关。设计袖山斜线的长度时，由于手臂向前活动较多，后袖山需要的活动松量大于前袖。通常取前袖山斜线长＝前AH，后袖山在后袖窿AH的基础上增加长度调节量*= 0~1cm，长度调节量*越大，则袖山缩缝量越大。另一方面，袖山弧线的曲度越大则袖山缩缝量也越大。通过调整袖山斜线长度和袖山弧线的参照点，使后袖山的缩缝量略大于前袖山缩缝量，绱袖后的袖山形态和活动机能更佳。

袖山缩缝量的设计为肩关节部位提供了更多的活动容量，绱袖时将缩缝量主要集中在袖山上部，腋下的袖窿部分仅有很小的缩缝量，袖山缩缝量的分配比例参见图7-2-6。绱袖前首先需要在袖山缝头部位进行缩缝、熨烫，使衣身与袖山缝合后平整无褶皱，肩头的袖山略微向外凸出。

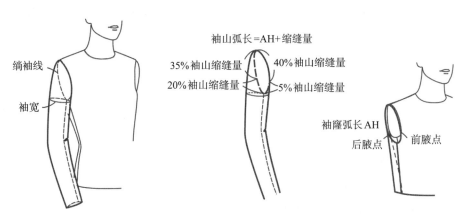

图7-2-6　袖山缩缝量的分配

袖山缩缝量的大小和面料性能有关，合体女衬衫的缩缝量通常为1.2~2cm。细软型面料的袖山缩缝量较大，厚实硬挺型面料的袖山缩缝量较小。原型的袖山缩缝量较大（当B = 84cm时，袖山缩缝量接近3cm），为肩关节附近提供了较多的活动量，但容易形成外观褶皱，更适用于面料较厚实的毛料西服外套，在进行衬衫袖的结构设计时，常适当减小袖山斜线长度和袖山缩缝量。

三、直身合体装袖的基本结构制图

1. 造型与制图规格

直身合体袖的结构来源于男衬衫，袖中线呈直线形态，袖底缝两侧同步内收，袖口收紧，穿着活动方便，是偏向于正装的女衬衫经典袖型。本款直身合体袖配合基本型合体收腰女衬衫的衣身结构，袖子呈现自然的上大下小形态，袖口加装袖头，收褶裥2个，参见图7-2-7。

袖子制图相关的成衣规格为：袖长56cm（臂长52＋4），袖口大21cm（腕围18＋3），袖头宽4cm。

首先绘制衣身结构图（参见第五章图5-3-3），测量衣片袖窿弧线获得前、后袖窿弧长（前AH≈21.5cm，后AH≈22.5cm，总AH＝44cm）。

2. 结构制图（图7-2-7）

① 预估袖肥：根据上臂围增加放松量4~6cm为袖肥（本款取袖肥32~32.5cm作为参考尺寸）。

② 袖山高：取1/3AH作为合体衬衫袖山高的参考尺寸，本款计算值为14.7cm。

③ 袖山斜线和袖宽：前袖山斜线取前AH－0.2，后袖山斜线长度取后AH，测量实际袖宽。根据实测袖宽后将袖山高和袖山斜线的尺寸微调，使袖宽尽量接近预定的参考尺寸。

④ 确定参照点：前袖山斜线四等分，第一等分点垂直向上1.7cm，第二等分点沿斜线向下1cm，第三等分点垂直向下1.3cm；后袖山斜线三等分，下段的等分点垂直向下0.5cm，过第二等分点，从1/4后袖山斜线长度垂直向上1.8cm，加上左右袖宽和袖山顶点，共9个参照点。

⑤ 画顺袖山弧线，测量袖山弧线长度（实测前袖山弧长约22.3cm，后袖山弧长约23.2cm，总袖山弧线长约45.5cm）。

⑥ 计算并调整袖山弧线吃缝量：由于衬衫面料轻薄，缩缝量过大时容易形成褶皱，采用薄型全棉面料时的袖山缩缝量约1.5cm。如果实测的袖山缩缝量过大或过小，可以适当调整袖山斜线长度和袖山弧线。

⑦ 延长袖中线，从袖山顶点取袖片总长度为52cm（袖长56－袖头宽4）。

⑧ 袖侧缝：从袖宽左右两边向袖口做垂线，袖口宽度为袖口大21＋褶裥量5cm，前后袖口内收量相等（3cm），侧缝弧线的中部内收约0.3~0.5cm。

⑨ 袖衩：将后袖宽等分确定袖衩开口位置，开口长度10cm，袖衩门襟宽度通常2~2.5cm。

⑩ 袖口褶裥：从袖衩开口位置向中线取2.5cm开始作褶裥2个，褶量2.5cm，间距2cm，向袖衩方向折烫。

⑪ 袖头宽4cm，长度为袖口大21＋1cm，增加的1cm为袖衩的工艺重叠量。

⑫ 确定锁眼钉扣位置：距离袖头侧边1cm，居中为纽扣中点位置，袖头上层靠近中线方向锁扣眼，下层在袖底缝方向钉纽扣。

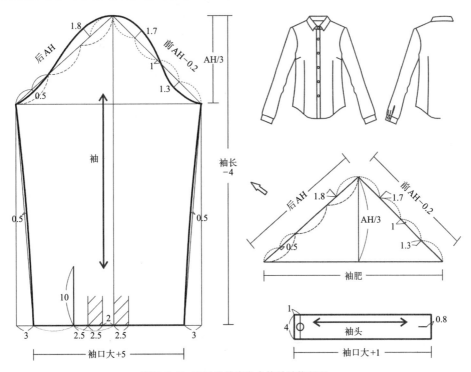

图7-2-7　有袖头的直身合体袖结构制图

四、弯身合体袖的基本结构制图

1. 造型与制图规格

合体弯身袖是指按照人体手臂的自然形态设计，袖中线呈现略向前弯曲的袖身结构。弯身合体袖的造型简洁自然，适合采用悬垂性、保型性较好的面料来制作，如羊毛精纺面料、针织经编面料等。本款合体弯身袖可以搭配合体收腰型或半合体型的衬衫衣身结构，袖子呈现自然内收的前弯造型，后袖收肘省。

袖子制图相关的成衣规格为：袖长54cm（臂长52＋2），袖口大24cm（掌围20＋4）。

首先绘制半合体直身衬衫衣身结构图（参见第五章图5-2-3），测量衣片获得前、后袖窿弧长（前AH≈11.9＋10.7cm，后AH≈22.3cm，总AH＝44.9cm），测量后袖窿深（≈19.3cm），将袖窿省拼合后测量前袖窿深（≈18.7cm，测量方法参见第三章图3-2-5）。

2. 结构制图（图7-2-8）

① 预估袖肥：根据上臂围增加放松量4~6cm为袖肥（本款取袖肥32.5~33cm作为参考尺寸）。

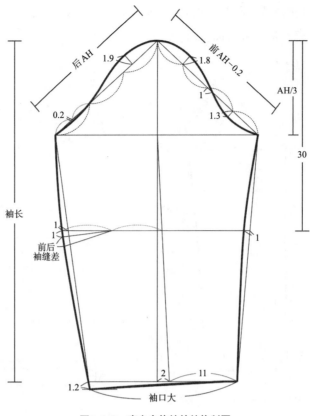

图7-2-8 弯身合体袖的结构制图

② 袖山高：取1/3AH作为合体衬衫袖山高的参考尺寸，本款计算值为14.9cm。

③ 袖山斜线：前袖山斜线长度取前AH-0.2，后袖山斜线长度取后AH，制图时可以微调袖山高尺寸，使袖肥接近预定的参考尺寸（实测袖肥约32.8cm）。

④ 确定袖山弧线参照点：前袖山斜线四等分，第一等分点垂直向上1.8cm，第二等分点沿斜线向下1cm，第三等分点垂直向下1.3cm；后袖山斜线三等分，下段的等分点垂直向下0.2cm，过第二等分点，从1/4后袖山斜线长度垂直向上1.9cm，共9个参照点画顺袖山弧线。

⑤ 测量袖山弧线长度（实测前袖山弧长约23.2cm，后袖山弧长约23cm，总袖山弧线长约46.2cm）。

⑥ 计算并调整袖山弧线缩缝量：缩缝量设计与面料性能有关，本款采用薄型全棉面料时的袖山缩缝量约1.4~1.8cm。如果实测的袖山缩缝量过大或过小，可以适当调整袖山斜线长度和袖山弧线。

⑦ 延长袖中线的总长度为袖长54cm，作袖口水平线。

⑧ 从袖山顶点向下取30cm（臂长/2＋4），作袖肘水平线。

⑨ 袖中线与袖口的交点向前2cm，与袖宽线相连，成为前倾的袖中线。

⑩ 从前倾的袖中线取前袖口大11cm（袖口大/2-1），后袖降低1.2cm，画出袖口斜线长24cm（袖口大），略向内画顺袖口弧线。

⑪ 连接前袖口与袖宽，与袖肘的交点内收1cm，画顺前袖缝弧线，与袖口弧线接近垂直。

⑫ 连接后袖口与袖宽，与袖肘的交点向外1cm，画顺后袖缝弧线，与袖口弧线基本保持垂直。

⑬ 绘制肘省：测量前、后袖缝的弧线长度，取其差量为肘省大（实测前袖缝长39.8cm，后袖缝长41.3cm，肘省总量≈1.5cm）。将后袖肘宽度等分，等分点为肘省尖点，后袖缝从肘线向下1cm为省道上边位置，画出肘省两边。

五、女衬衫合体装袖的结构变化

1. 袖长

合体袖的袖长变化与袖山结构基本无关，确定袖宽后选择适当的袖长和袖口尺寸即可。

对于七分袖、九分袖等合体中长袖造型，可以参照长袖的结构确定袖口和袖身的形态，制图后按照实际袖长做袖口平行线，保留所需的袖长度。

合体袖通常不适用齐肘的五分袖长度，以免手臂活动时袖口贴合身体而容易起皱变形，也影响活动舒适性。

接近肘线的四分袖长度适合较宽松的袖口，偏向于直线的休闲风格造型（参见第八章"圆角翻领层叠女衬衫"纸样实例）。

较短的短袖需要在袖底缝保留一定缝合长度，可以适当降低袖山高，增加袖宽，袖口呈现明显上翘的曲线。或者采用盖肩袖结构，将袖山下部的弧线取消，袖窿底部开口用滚边固定（参见第八章"盖肩袖收下摆女衬衫"纸样实例）。

2. 袖片分割

由于女衬衫的面料轻薄容易变形，合体袖以一片式结构为主，不适合采用复杂的分割结构。

合体装袖的袖山部位与衣身袖窿结构高度相关，袖山上部的分割容易造成结构变形，因而衬衫袖宽线以上的分割通常接近与袖宽线垂直的方向，使面料纱向变形对袖山弧线的影响较小。

袖身的造型分割较为自由，主要根据面料拼接的外观效果来进行设计，与袖山部分的分割线统一协调即可。当袖口与袖宽的差量较大时，常在肘点附近设计纵向分割线，分割线包含肘省量，将袖子分成前、后两片，以避免袖底缝的斜度过大（参见第十章"立领A型连衣裙"纸样实例）。

3. 袖山褶皱

女衬衫合体袖的袖宽和袖身造型不变时，在袖山增加少量的褶皱可以使肩头有更大的活动容量，并有一定装饰效果，也称为泡泡袖。

女衬衫袖山增加褶皱时，所对应的衣身肩宽需要适当减小，袖山高度适当增加，使褶皱凸出的部分能够包裹肩头并获得一定支撑。根据衣身纸样的袖窿形态，袖结构设计首先需要完成不带褶皱的合体袖基本结构，然后在袖宽线和袖中线位置进行纸样切展，增加的褶皱松量集中在袖山中上部，按照褶皱的实际形态画出袖山弧线，即可获得包含袖山褶皱量的合体袖纸样，结构制图参见图7-3-4中A款纸样。

4. 袖头和袖衩

女衬衫的袖头作为袖口位置的独立部件，结构接近于分割线的变化形式，但工艺上需要双层面料，缝合方式也与分割线有所不同，参见图7-2-9。

没有开口的封闭式袖头更多起到造型分割的装饰作用，同时双层面料的袖头还具有不容易变形的优点，常用于短袖袖头、异形袖头和外翻边袖头。有开口的袖头穿脱方便，外观以合体紧身为宜，袖头扣合后按照手臂对应部位加2~4cm放松量，交叠量1.5~2.5cm。

有开口的袖头通常配合袖衩的设计，袖衩两边分别与袖头的两边缝合。女衬衫的袖衩通常位于后袖中部或袖底缝：在后袖中部开衩时有一定装饰性，袖头叠合部位对手臂活动的舒适性影响小；袖底缝开衩较为隐蔽，工艺简便，主要用于满足袖口的活动功能。

封闭式袖头		后袖中部袖衩	袖底缝开衩	袖中线开衩
			开口式袖头	

图7-2-9　合体衬衫袖的袖头变化

第三节 | 衬衫的宽松袖结构

导学问题：

1. 宽松袖的结构设计与衣身结构有什么关联？
2. 宽松袖的造型设计有哪些常见类型？

一、宽松袖山结构与袖窿形态

1. 衣身袖窿形态与袖山宽松量

一般而言，合体装袖与较合体的衣身形态相互配合，袖窿靠近人体臂根围，衬衫整体呈现贴身而平展的造型，手臂自然下垂时衣身和袖子都没有明显的衣褶，廓形鲜明简洁。宽松装袖与宽松的衣身形态配合，衣身和袖子的松量整体加大，穿着时面料余量受力垂落形成自然舒展的衣褶，整体风格轻松飘逸。

当衣身的胸围宽松量很大时，为了避免所有的松量堆积在腋下，衣片的肩宽、胸宽、背宽往往与胸围同步加大，同时将袖窿深适当降低，使袖窿弧线的曲度合理，此时袖窿偏向于狭长形态。由于手臂主要向上活动，袖窿深越大则越会牵制衣身和袖底变形，因而对应的袖宽需要加大，才可以保持手臂足够的活动空间。

衣身宽松的狭长袖窿适合搭配整体宽松的袖造型，袖窿与袖山缝合后自然展开。如果袖窿深较大而搭配合体袖，袖宽不足会造成手臂上抬受限，手臂活动时衣身的侧缝整体上移变形。如果搭配袖宽较宽的合体袖时，会造成袖底褶皱量集中在袖窿下部，影响舒适和美观。宽松袖窿形态与不同袖结构组合的对应关系如图7-3-1。

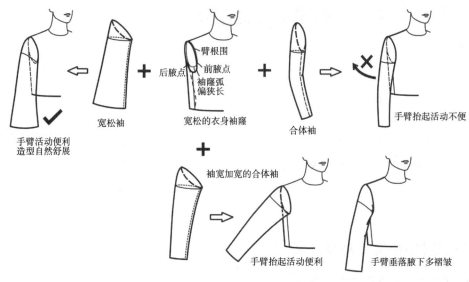

图 7-3-1　袖窿形态与袖山结构

2. 袖山高与袖宽

宽松袖的造型整体宽大，袖宽尺寸远大于上臂围，袖山高常用 1/4 袖窿弧长 AH 作为参考设计公式，比合体袖采用的 1/3AH 或 5/6 袖窿深明显减小。对于大多数衣身袖窿较合体的款式而言，袖山高 1/4AH 对应的袖宽有足够的松量满足手臂活动，但不会在腋下形成过多的堆积褶皱。

衣身造型整体宽松的衬衫可以将肩宽明显加宽，绱袖线呈落肩造型，肩线可以是直线，也可以在肩点以下适当内收呈弧线形态，对应的袖山高需要减去相应的落肩量，同时袖长也要相应减短（参见第八章"宽松型休闲衬衫"图 8-1-3）。

3. 连身袖和插肩袖

女衬衫的面料轻薄，采用插肩袖或连袖设计时通常呈宽松造型，受到人体形态和活动的限制较少，在装袖基础上可以进行更加灵活的结构变化。

连身袖是指衣身与袖片连为一体的造型，没有袖窿分割线，肩线与袖中线连接后形成平面结构的自然顺延形态，可以在平展时直接观察到袖子的宽松造型和结构形态。

插肩袖是指衣身的部分与袖子相连的结构，将袖窿分割线从肩点转移到肩线、领口等部位，使肩部与袖子连接在一起。插肩袖主要通过袖中线的倾斜角度来控制袖造型与活动功能，衣身袖窿与袖山下部有一定的结构重叠量，从而满足人体的活动需要。

连身袖和插肩袖的基本结构形态如图 7-3-2。插肩袖的衣身和袖子分割线上段重合，分割线下段弧线长度相等、弧度相似。插肩袖袖中线与水平线所形成的夹角越大，对应的袖山高越大，袖宽越窄，穿着时袖底褶皱越少；袖中线与水平线所形成的夹角越小，对应的袖山高越小，袖宽越宽，活动机能越好；当袖中线角度≤人体肩斜角度时，肩线与袖中线连接为直线，袖宽足够宽大，可以按照造型分割线的方式设计为插肩袖，也可以取消分割线即成为连身袖结构。

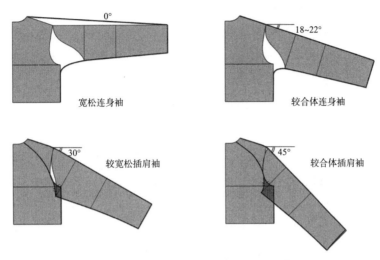

图 7-3-2　连身袖和插肩袖的基本结构形态

二、宽松袖的造型与结构变化

女衬衫的宽松袖受到人体形态和活动的影响较小，造型多样，结构设计灵活多变，在此选择具有代表性的几种宽松袖造型，介绍其结构设计方法。

1. 喇叭袖

喇叭袖的袖山结构以合体袖为基础，袖口加大形成自然悬垂的波浪褶，外观似喇叭形而命名。由于袖身下摆宽大，喇叭袖往往采用短袖或中袖造型，手臂活动时更加轻捷便捷。

与喇叭袖相对应的衬衫衣身造型多样，袖窿以接近原型袖窿的合体形态为主。喇叭袖的基本结构设计方法如图7-3-3，制图要点如下：

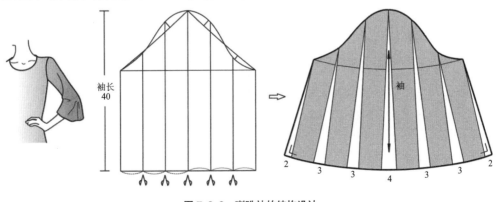

图 7-3-3　喇叭袖的结构设计

① 测量衣身袖窿弧长AH，以合体袖形态为基础，根据造型确定袖山高约为1/3AH~1/4AH。

② 按照合体袖结构绘制袖山基本形，确定袖长，袖山以下作垂直方形。

③ 确定纸样切展的辅助线，与袖中线方向一致，将袖宽平均分配，袖口展开量越大则设计纸样切展线的数量越多。

④ 纸样切展：袖山弧线不加松量，袖中线增加的底边松量最大，至袖底缝逐渐减小，使袖片的波浪褶主要集中在手臂外侧。

⑤ 画顺袖口造型曲线，与袖底缝两边保持垂直。

2. 泡泡袖

衬衫泡泡袖相应的衣身以合体造型为主，袖窿接近于原型袖窿，肩宽通常略小于净肩宽。当袖山加入的褶量较少时，袖宽和袖身的形态合体，仅在袖山部位进行纸样切展，增加褶皱松量设计。当袖山加入的褶皱量较大时，袖山造型向外高高隆起，袖山高度明显加长，袖宽也相应增加，适用于有一定硬挺度的面料或在袖内另加衬垫材料。

泡泡袖的结构设计方法如图7-3-4，制图要点如下：

① 测量衣身袖窿弧长AH，取袖山高为1/3AH~1/4AH，绘制合体袖山基本形。

② 确定袖长，根据袖口造型绘制袖身基本形。

③ 较合体的泡泡袖纸样：按照袖宽线和袖中线设计纸样切展线，将袖山部分纸样抬高，袖山弧线展开，使袖片增加的褶量集中在袖山中上部（A款）。

④ 较宽松的泡泡袖纸样切展辅助线：在袖宽中部等分设计纸样切展线，与袖中线方向一致，褶量越大则设计纸样切展线的数量越多。

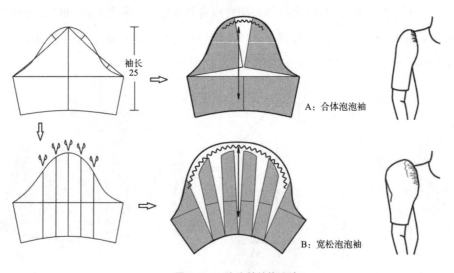

A：合体泡泡袖

B：宽松泡泡袖

图7-3-4 泡泡袖结构设计

⑤ 较宽松的泡泡袖纸样：袖口线不加松量，将袖山弧线展开，袖中线增加的松量最大，至两侧逐渐减小，使袖片的波浪褶主要集中在袖山中部。画顺袖山造型曲线，袖中线适当抬高，与原袖山弧线两端连接圆顺（B款）。

3. 灯笼袖

女衬衫灯笼袖相应的衣身以合体造型为主，袖窿形态接近原型袖窿，袖山基础结构设计与泡泡袖相似，袖身整体宽松，在袖山和袖口部位都收褶皱，从而成为形似灯笼的造型。灯笼袖的结构设计方法如图7-3-5，制图要点如下：

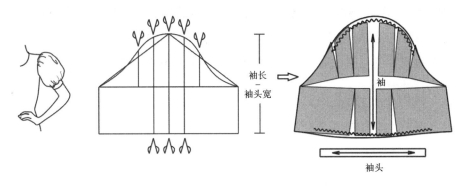

图 7-3-5 灯笼袖结构设计

① 测量衣身袖窿弧长AH，取袖山高接近1/4AH，绘制合体袖山基本形，袖山弧线较为平缓。

② 根据造型确定袖长，袖宽以下作垂直方形。

③ 确定纸样切展的辅助线：与袖中线方向一致，褶量越大则设计纸样切展线的数量越多，袖山切展线与袖身切展线的位置不一定对应。

④ 纸样切展：袖山以上的部分参照泡泡袖结构设计，袖宽线根据造型需要在中线位置适当增加松量；袖身参照喇叭袖结构设计，使收缩后的褶皱主要集中在外侧，以免袖口内侧面料堆积影响手臂活动的舒适性。

⑤ 画顺袖山造型曲线，袖中线适当加长，与原袖山弧线两端连接圆顺。

⑥ 画顺袖口造型曲线，后袖中部适当加长而向外弧出，前袖口弧线内收。

⑦ 绘制袖头：袖头宽度根据造型确定，长度为手臂对应部位的围度＋3~5cm。

4. 气球袖

气球袖的外观与短灯笼袖相似，袖肥宽松膨出并设计相应的分割线，袖山头没有褶皱，袖口自然收紧，外观光洁而形似气球。气球袖需要采用较硬挺的面料制作，结构设计方法如图7-3-6。

① 测量衣身袖窿弧长 AH，取袖山高接近 1/4AH，绘制合体袖山基本形。

② 确定袖长和袖口，根据造型绘制袖身基本形。

③ 确定纸样切展的辅助线：与袖中线方向一致，将袖宽均匀分配，袖宽处膨出的松量越大则切展线数量越多。

④ 袖山纸样切展：沿袖宽线分为上下两片，袖山弧线长度不变，袖宽线进行扩展。靠近袖底缝位置的松量较小，中间部分的松量相等，使袖宽整体均衡扩展。

⑤ 画顺袖山片的分割线造型曲线，袖中线适当加长而向外弧出，确定袖子上部纸样。

⑥ 袖身纸样切展：袖口弧线长度不变，袖宽线进行扩展，靠近中线的切展松量较大，靠近袖底缝位置的松量较小，整体切展松量略大于袖山片。

⑥ 画顺袖身片的分割线造型曲线，两条分割线长度相等，确定袖子下部纸样。

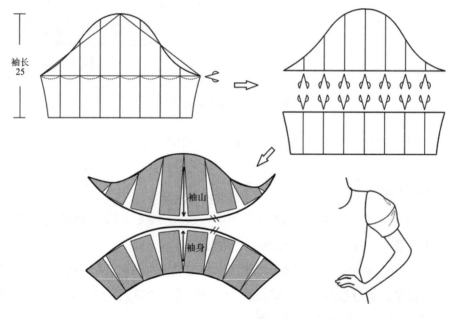

图 7-3-6　气球袖结构设计

5. 羊腿袖

羊腿袖起源于 19 世纪上半叶浪漫主义时期，袖型上部从肩到肘呈宽大膨起的状态，下部从肘到腕贴紧手臂，袖山内部常加以适当的衬垫材料。羊腿袖通常搭配合体的衣身造型，袖子膨起的程度不同，分割线的形式多样，在此选取两种典型的羊腿袖造型和结构制图方法加以分析。

A 款为褶量和造型膨出量较小的一片式羊腿袖造型，适合采用厚实柔软的面料制作。结构设计如图 7-3-7：以弯身合体袖纸样为基础，从袖中线、袖宽线和袖肘线进行纸样剪切，袖肘以上的部分整体扩展，袖山头增加的褶量以皱褶形态为主，袖山高适当增加，袖底缝长度不变。

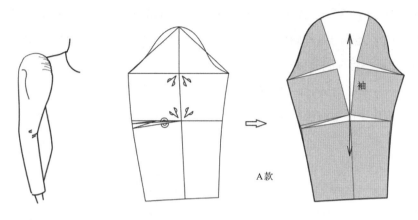

图7-3-7　羊腿袖结构设计

B款为袖山褶量和膨出量较大的拼接式羊腿袖造型，适合采用较硬挺的面料制作。结构设计如图7-3-8：以弯身合体袖纸样为基础，在袖肘线附近按照造型确定分割线，后袖缝包含肘省量。袖片上部纸样剪切时，先从中线增加褶裥量获得适当的袖宽形态，再将左右袖山弧线分别切展，袖山高度明显抬高，确定上袖片的整体纸样轮廓。袖山头增加的褶量以定位褶形态为主，常需要在袖山内部增加衬垫材料，使加长的袖山高向外扩展膨出而不垂落。

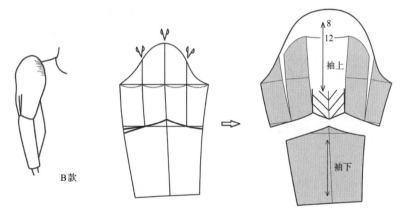

图7-3-8　羊腿袖结构设计

6. 花瓣袖

花瓣袖也称为郁金香袖，袖子的外侧由上下两层面料交错重叠，形成类似于花瓣的造型。

花瓣袖的袖长通常在肘部以上，外层袖片的袖山增加褶皱松量，袖底缝相连为一体。结构设计如图7-3-9，制图要点如下：

① 取袖山高约1/3AH，绘制合体袖基本形，袖口略向内收，左、右袖底缝呈直线。

② 绘制袖子交叠的内外两层弧形造型线，袖山分割点大约位于前、后袖山弧线的中部，袖口处的弧线与袖底缝保持垂直。

③ 将左、右袖底缝拼合，确定袖片的基本结构形态。

④ 外层袖片参照泡泡袖结构进行纸样切展，抬高袖山增加缩褶量，修正后确定花瓣袖纸样。

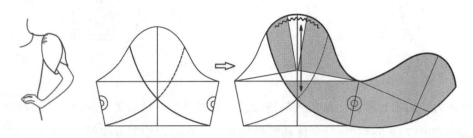

图7-3-9　花瓣袖结构设计

7. 蝙蝠袖

蝙蝠袖为典型的宽松式连身袖，衣身胸围和袖肥宽大，袖窿深位置低，袖口急剧缩小，手臂下垂时腋下的皱褶较多，适合采用柔软悬垂的面料进行制作。

蝙蝠袖的结构制图方法如图7-3-10，袖中线位于水平线和肩线延长线之间。前片的袖中袖斜度通常略大于后片，前后片分开设计，注意袖底缝长度相等。由于前后袖中线和肩线都是直线，前后片可以在肩线拼接（A款），也可以将前后衣身拼合成为整体（B款）。

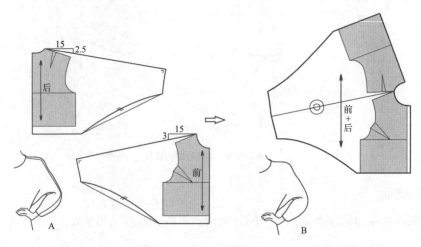

图7-3-10　蝙蝠袖结构设计

第八章

女衬衫纸样设计实例

　　女衬衫的款式变化丰富，受流行时尚的影响较大，既可以作为生活便装，也可以作为出席多种正式场合的必备单品之一。从结构设计的方法而言，女衬衫可以采用原型作为纸样设计的基础，也可以直接采用比例裁剪法来设计结构纸样。在此选择近年来常见的时尚女衬衫造型为例，介绍几款具有实际应用意义的女衬衫纸样设计。

第一节 ｜ 宽松型休闲女衬衫

一、造型与规格

1. 款式特点

宽松型休闲衬衫来源于男士的外穿衬衫设计，穿着时整体呈T形造型，宽松舒适。衣身为落肩造型和肩部育克设计，前片加明贴边门襟，左右贴袋加袋盖，后片育克分割线下常加褶裥；领型以翻立领为主，长袖加装袖衩和袖头，袖子长度略超过手腕，如图8-1-1。

宽松型休闲女衬衫的衣身通常略超过横裆线，前短后长的造型更适合人体的活动特点，下摆形态可以分为直线、弧线、前中打结等。

女性穿着的宽松型休闲衬衫适用面料广泛，采用棉布、亚麻布等较为硬挺的面料时，款式风格偏向于中性化；采用绸缎、雪纺等悬垂性较好的轻薄柔软型面料时，则造型更贴体，整体风格更为女性化。

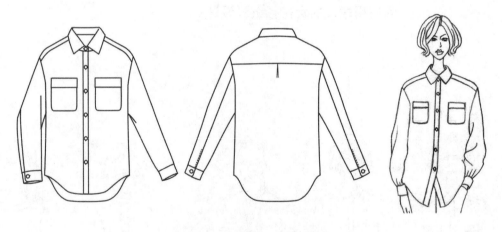

图8-1-1　宽松型休闲女衬衫造型

2. 成品规格与用料

本款衬衫的成品规格设计参见表8-1-1，使用面料幅宽143cm，用料150cm。

	后衣长（L）	胸围（B）	袖长（SL）	袖口大	袋口大
净体尺寸	背长38	84	全臂长52	腕围16	/
成品规格	70	105 +褶量8	52（落肩量4）	25	11.5

表8-1-1　宽松型休闲衬衫规格表（160/84A）　　　　　单位：cm

二、结构制图（视频8-1）

1. 原型处理（图8-1-2）

首先将原型的后肩省转移至袖窿，作为保留的袖窿松量，使后肩线斜度与人体肩斜度接近。

视频8-1

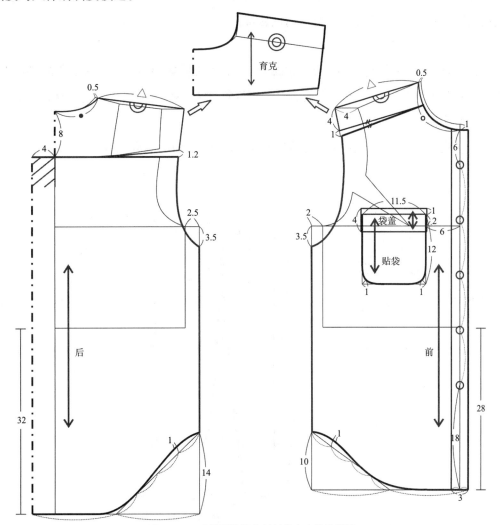

图 8-1-2　宽松型休闲女衬衫的衣身结构制图

2. 衣身（图8-1-2）

衣长采用前短后长造型，胸围和袖窿深加大，肩线沿水平线延伸增加落肩量，后肩线根据前肩线的长度确定，胸宽、背宽的放松量接近落肩量，袖窿整体呈狭长形态，前片和后片的袖窿弧线不需要完全拼接圆顺。

3. 育克（图8-1-2）

按照造型设计前片和后片的分割线，分割线在袖窿处减去一定松量，后肩分割线为弧线形态，使肩部更合体。将分割线以上的前、后部分纸样按照肩线对位拼合，领口弧线和袖窿弧线修正圆顺，即获得肩部育克的纸样。

4. 口袋（图8-1-2）

左右两侧口袋对称，袋口略高于过BP点水平线。袋口向上1cm为袋盖位置，袋盖宽度比袋口两边各多出0.2cm左右，遮住袋布。

5. 领（图8-1-3）

根据前身和育克纸样测量获得前领弧长〇、后领弧长●。按照翻立领的结构绘制衣领，翻领角采用八字尖领造型，休闲衬衫领多采用轻薄型黏合衬，领子柔软，舒适性较好。

6. 袖（图8-1-3）

从育克纸样拼合线位置测量前袖窿弧长（前AH）和后袖窿弧长（后AH）。袖山高

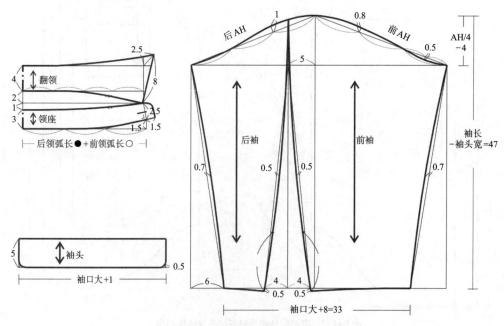

图8-1-3　宽松型休闲衬衫的领、袖结构制图

度取AH/4-落肩量4，袖中线长度取袖长-袖头宽，绘制较平缓的袖山弧线，使袖山缩缝量不超过1.5cm。宽松休闲衬衫如果袖口不加褶皱时，袖身的下边线和袖头宽的差距较大，但袖底缝的斜度不宜过大，如图8-1-3所示可以在后袖采用分割结构，将袖子分为前后两片，使袖子的形态更加平整均衡。

三、衣片净样

将衬衫结构制图按照每个衣片分开，就获得相应的衣片净样板，如图8-1-4。

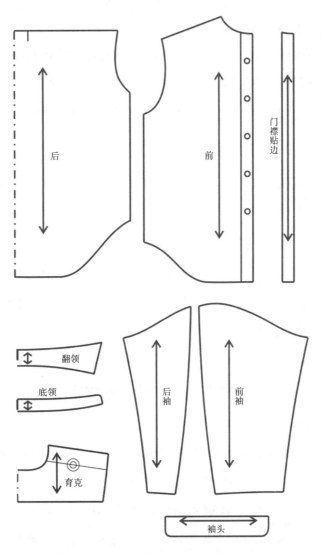

图8-1-4　宽松型休闲女衬衫的衣片净样

第二节 | 圆角翻领层叠女衬衫

一、造型与规格

1. 款式特点

该款衬衫为较宽松的直身造型，适用于各种年龄和体型，整体风格休闲随意。衣身前短后长，中部为交叠的上下两层，上部暗门襟，袖窿收省；较宽松的短袖；翻立领采用轻松可爱的圆角造型，如图8-2-1。

该衬衫适用的面料广泛，衣身上下两部分可以采用不同的面料。上部采用平纹细棉布、亚麻、聚酯纤维等较致密的面料，下部适合选用手感柔软、悬垂性较好、有通透感的面料，如镂空花纹棉布、蕾丝、雪纺等，采用近似色形成丰富细腻的色彩和质感变化。

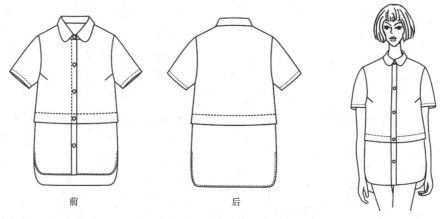

前　　　　　　　　　后

图8-2-1　圆角翻领层叠女衬衫造型

2. 成品规格与用料

本款衬衫的成品规格设计参见表8-2-1，衣身上部使用面料幅宽143cm，用料100cm；衣身下部使用面料幅宽114cm以上，用料50cm。

表8-2-1　圆角翻领层叠女衬衫规格表（160/84A）　　　　单位：cm

	后衣长（L）	胸围（B）	腰围（W）	肩宽	袖长（SL）
净体尺寸	背长38	84	66	38.5	全臂长52
成品规格	70	98	100	39	25

二、结构制图（视频8-2）

1. 原型处理（图8-2-2）

将后肩省的1/2转移作为袖窿松量，剩余1/2肩省量作为肩线吃势处理。前袖窿省三等分，1/3省量保留作为袖窿省，剩余2/3成为袖窿松量。

视频8-2

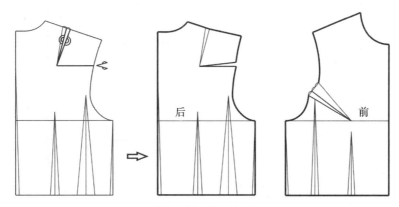

图8-2-2 圆角翻领层叠女衬衫的原型处理

2. 衣身（图8-2-3）

后胸围宽度在侧缝处适当增加，使前、后片胸围宽度基本相等。袖窿适当加深使前、后袖窿弧线的长度接近。根据造型确定上层衣片的分割线位置，上、下两层的叠合量通常为4~8cm，确定内层拼接线，上层衣片的底边向内翻折，与下层衣片的上边在内层拼接线处缝合固定。

3. 领（图8-2-4）

测量衣身的后领弧长和前领弧长，领子设计为翻立领结构。

底领下口弧线的起翘量较小，使领子呈现不完全贴颈的形态，更加舒适休闲。翻领的圆角根据造型需要而确定，可以采用人台立体裁剪的方法进行纸样的辅助设计。

4. 袖（图8-2-4）

测量衣身的后袖窿弧长和前袖窿弧长，根据较宽松的袖造型确定袖山高＝AH/4＋1。

取前袖山斜线长度为前AH，后袖山斜线长度为后AH＋0.3cm，绘制袖山弧线，使袖山缩缝量约为1.5cm，根据面料性能进行适当调整。宽松短袖的袖口大小主要根据袖宽而确定，袖底缝适当内收为斜线，袖口呈内凹的弧线，与袖底缝保持垂直。

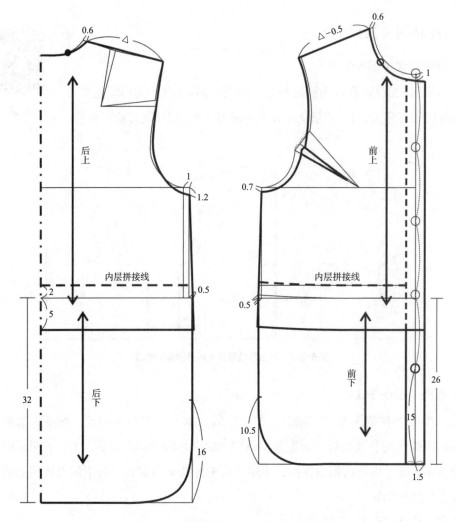

图8-2-3　圆角翻领层叠衬衫的衣身结构制图

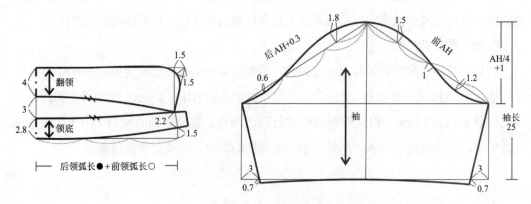

图8-2-4　圆角翻领层叠衬衫的领、袖结构制图

三、衣片净样

将圆角层叠女衬衫的结构制图按照每个衣片分开，就获得相应的衣片净样板，如图 8-2-5。

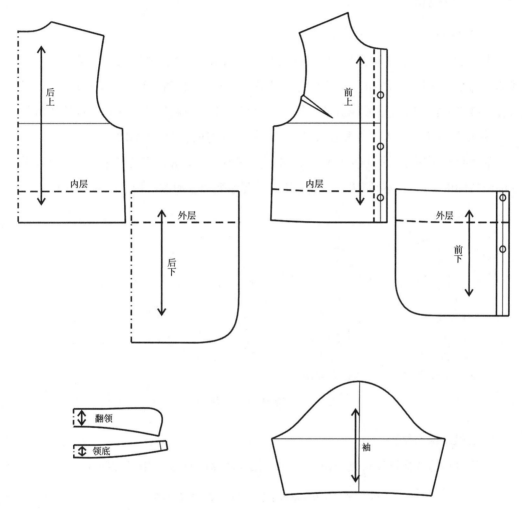

图8-2-5　圆角翻领层叠衬衫的衣片净样

第三节 │ 比例裁剪法 V 领泡泡袖女衬衫

一、造型与规格

1. 款式特点

本款女衬衫属于夏季常用的正装衬衫，衣身合体收腰，整体风格庄重大方。前中线明门襟V字开口，5粒扣，前身左右各设塔克褶5条、腰省1个、袖窿省1个，后片左右各设腰省1个，底边呈弧线造型。领型可以采用立领或翻领（分体翻领或连体翻领均可），短袖加袖头，袖山顶部和袖头加少量褶皱呈泡泡袖造型，如图8-3-1。

本款衬衫所适用的面料类型广泛，采用高支棉布、亚麻、聚酯纤维等组织结构较致密的面料均可，作为职业制服时，应选用不易起皱变形、耐磨、耐洗涤的面料为宜。

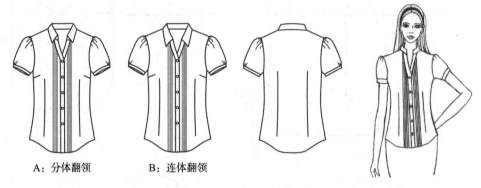

A：分体翻领   B：连体翻领

图8-3-1　V领泡泡袖女衬衫造型

2. 成品规格与用料

本款衬衫的规格设计参见表8-3-1，使用面料幅宽143cm，用料120cm。

表8-3-1　V领泡泡袖女衬衫规格表（160/84A）　　　　单位：cm

	后衣长（L）	胸围（B）	腰围（W）	肩宽（S）	袖长（SL）	袖口大
净体尺寸	/	84	66	38.5	全臂长52	臂围28
成品规格	60	92	75	37. 5	20	30

二、比例裁剪法的各部位比例计算

比例裁剪法是我国服装企业中使用广泛的传统制版方法，不需要原型，根据服装造型直接确定各部位的成品规格，大尺寸采用服装成品规格的比例公式计算，小尺寸直接设定数据，可以简便高效地完成服装结构纸样。

从理论上来说，服装结构制图的方法与造型无关，但实际进行造型变化时应用原型裁剪法相对直观，需要记忆的数据和公式较少，更适合初学者。使用比例裁剪法制图时更需要依赖个人经验，因而学生使用的比例裁剪法制图更适合用于经典服装款式，或者作为某类服装的基本型纸样，然后在基本型纸样的基础上进一步拓展，进行各种时尚造型的纸样细节变化。

合体收腰的V领泡泡袖女衬衫制图的各部位比例计算公式参见表8-3-2。

表8-3-2　V领泡泡袖女衬衫的各部位比例计算公式　　　　　　单位：cm

部位	衣长	胸围（B）	腰围	臀围	肩宽
计算公式	$\frac{4}{10}$号-4	净胸围+8~10	净腰围+8~10	净臀围+6~8	净肩宽-1
制图规格	60	92	75	96	37.5
部位	胸宽	背宽	袖长	袖宽	袖口大
计算公式	1.5B/10+2.5~3	1.5B/10+3.5~4	$\frac{1}{10}$号+0~4	臂围+5~6	臂围+0~3
制图规格	16.5	17.5	20	34	30

三、结构制图（视频8-3）

视频8-3

1. 绘制衣身基础线（图8-3-2）

① 根据衣长绘制后中线。

② 沿后中线从上向下取B/6＋6＝21.3cm，作胸围水平线。

③ 沿后中线从上向下取背长38cm，作腰围水平线。

④ 从腰围线向下18cm，作臀围水平线。

⑤ 沿后中线从上向下取衣长60cm，作后底边水平线，前底边水平线比后片水平线下降1cm。

⑥ 从后中线向上取后直开领2.2cm，作肩平线。

⑦ 取胸围线总宽度约B/2＋8cm，绘制前中线，与肩平线和前底边水平线相交。

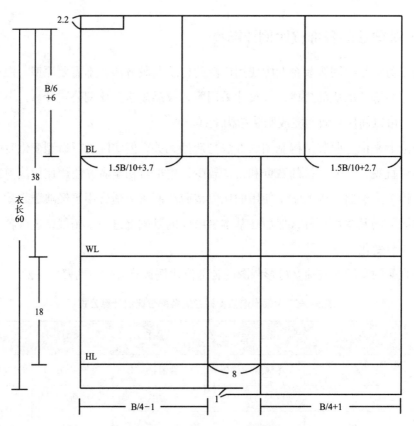

图 8-3-2　V 领泡泡袖女衬衫的衣身基础线

⑧ 取后胸围宽 B/4-1 = 22cm，作后侧缝垂线；取前胸围宽 B/4 + 1 = 24cm，作前侧缝垂线。

⑨ 从后中线取背宽 1.5B/10 + 3.7 = 17.5cm，作竖直方向的背宽线；从前中线取胸宽 =背宽-1 = 16.5cm，作竖直方向的胸宽线。

2. 后片纸样（图 8-3-3）

① 取后横开领 7.5cm，绘制后领口弧线。

② 取后肩宽=肩宽/2 + 0.3 = 19cm，肩线斜度 18.5°，绘制后肩线。

③ 将肩点以下的后袖窿深等分，中点向下 1.5~2cm 与背宽线重合，绘制后袖窿弧线。

④ 腰线内收 1.6cm，臀围加宽 1cm，绘制后侧缝曲线。

⑤ 侧缝起翘 5cm，绘制后底边弧线。

⑥ 计算腰线收省总量（胸围 95-腰围 72）/2 = 8.5cm，取后腰省量 2.8cm，将后腰围宽度等分作为后腰省中线位置，绘制后腰省，呈略向外凸的圆顺弧线。

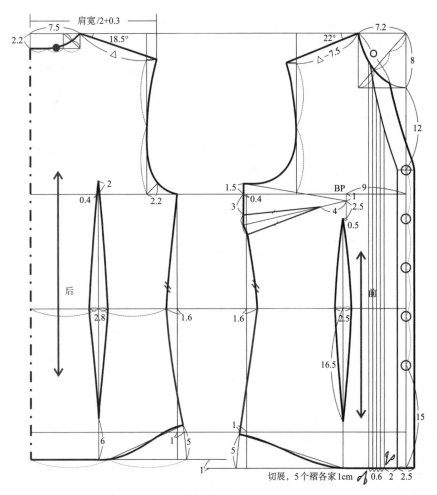

图 8-3-3　V 领泡泡袖衬衫的衣身结构制图

3. 前片纸样（图 8-3-3）

① 从前中线增加前止口宽 1.25cm ＝明门襟贴边宽度 2.5cm/2。

② 取前横开领 7.2cm，前直开领 8cm，绘制前领口弧线和"V"型明贴边弧线。

③ 前肩线斜度 22°，取前肩线长度＝后肩线长 −0.5cm（肩线吃缝量）。

④ 距离前中线 9cm，胸围线向下 1cm 作为 BP 点位置。

⑤ 前胸围宽增加 0.4cm（后胸围省道损失量），抬高 1.5cm 与 BP 相连；将前袖窿净深度等分，中点向下约 1cm 与胸宽线重合，绘制前袖窿弧线。

⑥ 腰线内收 1.6cm，臀围加宽 1cm，绘制前侧缝曲线。

⑦ 底边起翘 5cm，距前中约 10cm 长度保持水平，绘制前底边弧线。

⑧ 从 BP 点向侧缝方向 0.5cm 作垂直线为省道中线，腰围线收省 2.5cm，绘制前腰省，呈略向外凸的圆顺弧线。

⑨ 前侧缝线从袖窿向下4.5cm绘制腋下省，距离BP 4cm，省量接近3cm，实际根据前后片侧缝长度相等而确定。

（10）按照造型需要设计塔克褶位置，距离贴边2cm处设计5条褶裥的切展线，将纸样上的每条褶线切展，各增加褶量1cm，然后重新绘制前片纸样轮廓线，参见图8-3-6。

4. 领（图8-3-4）

测量衣身的后领弧长●和前领弧长〇，前领弧长测量至V型明贴边的止口边。

该款衬衫可以搭配立领、翻立领、连体翻领三种不同形态的领型，结构设计如图8-3-4。

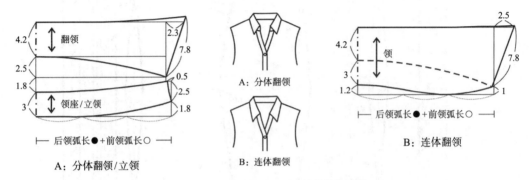

图 8-3-4　V 领泡泡袖女衬衫领的结构制图

图8-3-4 中的A款为分体翻领和立领设计，造型挺拔合体，单独使用分体翻领的领座就可以作为立领结构，制图步骤如下：

① 绘制下部水平线长度为前、后领弧长之和，前领下口起翘量1.8cm，确定领座下口弧线。

② 后中线取领座宽3cm，前领中线高2.5cm，与领下口弧线保持垂直或略向内倾斜，和衣身止口线连接顺畅，绘制领座轮廓线。

③ 从领后中线留出适当的翻领弧线起翘量，绘制翻领下口弧线，接近后领中部保持水平。

④ 取翻领宽4.2cm，后领中部保持水平，根据造型绘制翻领外口弧线和前领角斜线。

图8-3-4 中的B款为连体翻领设计，穿着柔软舒适，制图步骤如下：

① 绘制下部水平线等于前、后领弧长之和，后中起翘量略大于前起翘量，确定领下口弧线。

② 后中线取领座宽3cm，绘制领翻折线，与领后中线保持垂直。

③ 取翻领宽4.2cm，接近后中部保持水平，根据造型绘制翻领外口弧线和前领角斜线。

5. 袖（图8-3-5）

① 测量衣身的后袖窿弧长（后AH）和前袖窿弧长（前AH）。

② 根据袖宽≈34cm，取前袖山斜线=前AH，后袖山斜线=后AH+0.5cm，确定袖山三角形，绘制袖山基本弧线，袖山缩缝量约2cm。

③ 袖片长度=袖长-袖头宽2cm，袖口取袖口大+褶量3cm，确定袖纸样的基本结构。

④ 沿袖中线和袖宽线切展，袖山抬高2cm，增加袖山褶量约4cm，使褶皱集中在袖山顶部，重新绘制袖片的纸样轮廓线。

⑤ 绘制袖头，褶量3cm缝合时主要分布在袖中线附近，使袖底缝内侧平整。

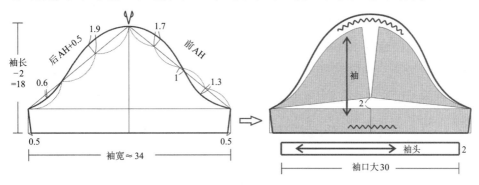

图8-3-5　V领泡泡袖女衬衫的袖结构制图

6. 衣片净样

将V领泡泡袖女衬衫的结构制图按照每个衣片分开，前片塔克褶部位纸样切展，获得相应的衣片净样板，如图8-3-6。

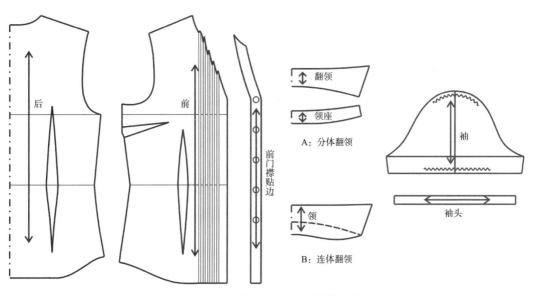

图 8-3-6　V领泡泡袖女衬衫的衣片净样

第四节 │ 花边立领 A 摆女衬衫

一、造型与规格

1. 款式特点

该款衬衫为宽松的多层拼接呈 A 摆廓形，偏向于日系的甜美复古风格。衣身分为 4 层，每层加褶皱而扩展成为 A 型廓形，前身半门襟加花边，较宽松的立领加花边，中袖加装双层喇叭形袖口边，如图 8-4-1。

该款衬衫适合选用手感柔软、不易起皱变形、悬垂性较好的面料，如薄棉麻布、双层棉纱布、雪纺等，也可以采用不同面料的拼色、拼布设计，穿着休闲舒适。花边作为辅料在该款衬衫设计中具有重要的装饰作用，适合采用柔软精致的棉线钩织花边或水溶蕾丝花边，扣子选用自然风格的珠扣、贝扣或包扣等。

前　　　　　　　　　　　　后

图8-4-1　花边立领A摆女衬衫造型

2. 成品规格与用料

本款衬衫的成品规格设计参见表 8-4-1。使用面料幅宽 114cm 或 143cm，用料 120cm。选用花边宽 2~2.5cm，收褶比例约为 1：1，花边总用量约 550cm。

表8-4-1　花边立领A摆女衬衫规格表（160/84A）　　　　　　单位：cm

	后衣长（L）	胸围（B）	袖长（SL）	立领宽
净体尺寸	背长38	84	全臂长52	/
成品规格	68	96	40	3

二、结构制图（视频8-4）

视频8-4

1. 省道处理

将后肩省的1/2转移作为袖窿松量，剩余1/2肩省量预留作为肩线吃势。1/3前袖窿省保留作为袖窿松量，剩余2/3袖窿省量在完成前片基本结构后进行省道转移，参见图8-2-2。

2. 后片（图8-4-2）

首先确定后片领口和袖窿的基本结构，根据造型比例确定三条横向分割线的位置，上、下两节稍短，中间两节稍长。

每条分割线的下边在后中增加褶皱量，褶量根据面料的性能而确定，每层增加的褶量相等。

最下层衣片呈明显向外扩展的荷叶边造型，除了在后中线增加褶量外，底边也均匀切展增加松量，使下底边呈弧线形态。

3. 前片（图8-4-2）

前横向分割线位置与后片相对应，上面两层的前中线开口，加门襟贴边，下面两层连裁。

前中上层将保留的2/3原型袖窿省转移至分割线，与前中线增加的褶量合并收褶，分割线呈弧线画顺。

前片每层分割线增加的褶皱量略小于后片，使前片的底边长度略小于后片，最下层的纸样切展方法与后片相同，使衣片下底边呈均匀的弧线形态。

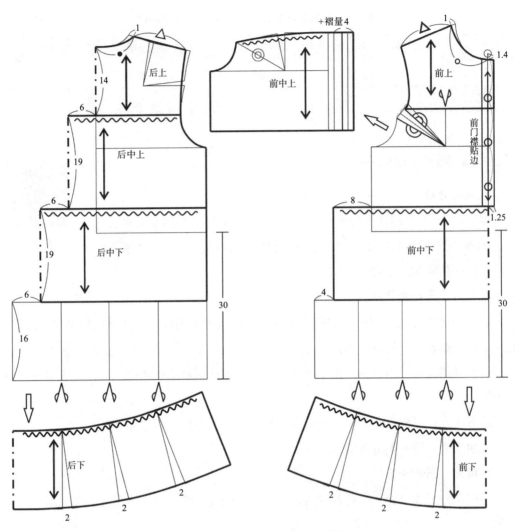

图 8-4-2　花边立领 A 摆女衬衫衣身结构制图

4. 领（图8-4-3）

由于领口上边加装花边，立领高度不宜过高，领前中线设计为直线或弧线造型均可。

领口花边不需要单独纸样，先按照造型比例收褶，缝合领面和领里时夹入花边一起固定。

5. 袖（图8-4-3）

测量衣身的后袖窿弧长和前袖窿弧长，根据较合体的袖造型确定袖山高度＝AH/3－1。

取前袖山斜线长度为前AH，后袖山斜线长度为后AH＋0.5cm，绘制袖山弧线，使袖山缩缝量为1.5~2cm，根据面料性能适当调整。

根据造型确定袖长和分割线位置，袖底缝适当内收为弧线，确定袖片纸样轮廓线。

袖口荷叶边先根据造型长度作两个长方形；将纸样均匀等分后切展下底边，切展量越大则荷叶边的波浪褶量越大。图8-4-3中上下两层袖口边的纸样切展量相等，因为上层袖口边较短，所形成的曲线弧度更大，穿着时外层荷叶边的扩展造型更明显。

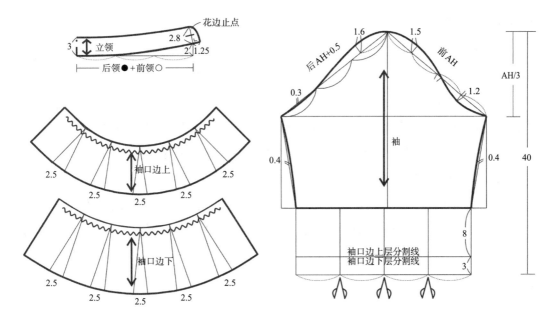

图 8-4-3 花边立领 A 摆女衬衫的领、袖结构制图

第五节 │ 盖肩袖收下摆女衬衫

一、造型与规格

1. 款式特点

该款衬衫为外穿式衬衫，衣身呈自然蓬松的O型廓形，具有清新可爱的少女风格。前身圆领加弧线分割的装饰性领边，沿领边中部加皱褶，后身育克分割加皱褶，下摆装腰头加橡筋。短盖肩袖，袖窿下半段滚边处理，不和袖子缝合，如图8-5-1。

该款衬衫适合选用手感柔软、滑爽的薄型面料，如平纹细棉布、细麻布、真丝双绉、雪纺等，穿着舒适随意。

O型收下摆的衬衫衣长通常在臀围线以上，下摆的围度小于衣长对应部位的人体围度，底边贴紧身体后使布料多余的长度自然向外膨出。由于下摆紧窄，更适合设计为门襟开口式造型，穿脱更方便。如果采用套头穿着方式时，需要增加底边的活动松量，如采用加橡筋、内抽绳、开衩系结、襻带调节固定等形式。

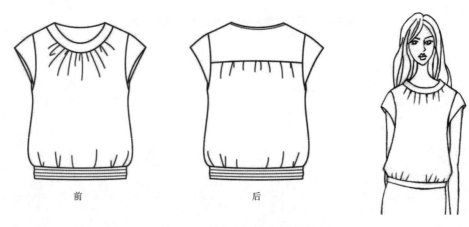

前　　　　　　　　后

图8-5-1　盖肩袖收下摆女衬衫造型

2. 成品规格与用料

本款衬衫的成品规格设计参见表8-5-1，使用面料幅宽143cm，用料100cm。

	后衣长（L）	胸围（B）	下摆围	袖长（SL）
净体尺寸	背长38	84	臀围88	/
成品规格	55	96	100	10

表8-5-1　盖肩袖收下摆衬衫规格表（160/84A）　　　　　　　　　单位：cm

二、结构制图（视频8-5）

视频8-5

1. 省道处理（图8-5-2）

将后肩省的1/2转移作为袖窿松量，剩余1/2肩省量作为肩线吃缝量处理。前袖窿省的1/3保留作为袖窿松量，剩余2/3袖窿省量在完成前片基本结构后进行省道转移。

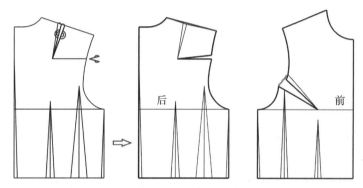

图8-5-2　盖肩袖收下摆女衬衫的原型处理

2. 后片（图8-5-3）

① 从腰线向下取衣长时减去下摆腰头的宽度，根据造型需要适当加大底摆宽度，绘制后底边，弧线要圆顺。

② 根据造型确定后片分割线，所包含的收省起翘量不超过原型1/2肩省转移后的袖窿松量。

③ 后中线增加的褶量根据实际面料的成型效果而调整，通常接近1/2分割线长度。

3. 前片基本结构和领口边（图8-5-3）

① 前领宽小于后领宽约0.7cm，使前领口贴体不易浮起，肩线长度相等。

② 根据领口边的造型确定分割线位置，领口边常用不同面料拼色等装饰性设计。

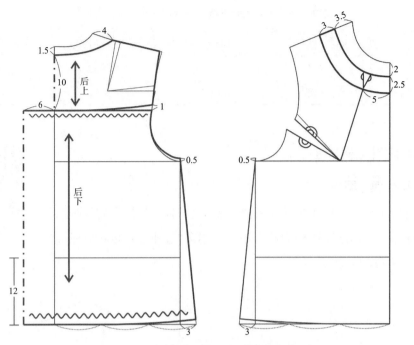

图 8-5-3　盖肩袖收下摆女衬衫结构制图（一）

4. 前片（图8-5-4）

① 将原型剩余的2/3袖窿省转移至领口，画顺衣片的领口弧线造型。

② 根据衣褶方向确定三条放射状的纸样切展辅助线，在领口和底边切展增加褶量，使切展后的前片与后片宽松量基本保持均衡，确定前片纸样的轮廓线。

5. 下摆腰头（图8-5-4）

前、后下摆腰头纸样在侧缝拼接，总长度根据臀围加适当松量，确保穿脱方便。缝合时先将衣片的底边收褶，与下摆腰头长度相等并缝合，再使用橡筋缉缝明线使腰头均匀皱缩，收拢后的腰头长度略小于臀围。

6. 袖（图8-5-4）

① 测量衣身袖窿弧长AH，取袖山高为1/3AH-1，先按照完整的一片袖结构绘制袖山弧线，袖山缩缝量接近2cm。

② 从袖中线取袖长，袖口形态呈弧线，袖山弧线两边各留出一定的空隙，确定袖纸样。

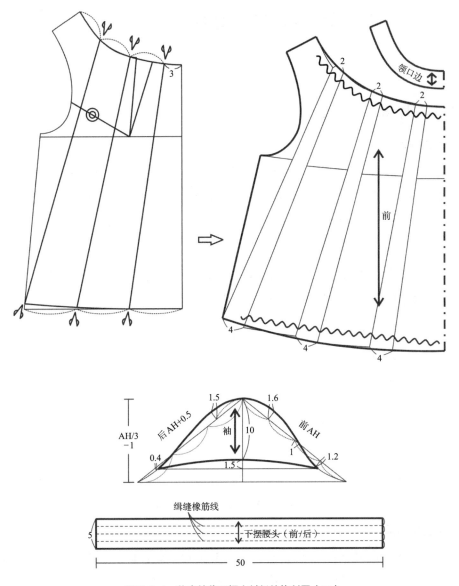

图 8-5-4　盖肩袖收下摆女衬衫结构制图（二）

第六节 ｜ 披肩领后开襟女衬衫

一、造型与规格

1. 款式特点

该款衬衫为合体收腰廓形，适合成熟时尚的白领女性，具有优雅复古的宫廷风格。交叠式披肩领，前身高腰分割，分割线以上左右各设褶裥1个；后中线开门襟，左右各设活褶省2个。袖型为稍落肩的宽松九分袖，袖口左右各收褶裥1个，呈现上松下紧的羊腿袖造型，如图8-6-1。

该款衬衫适合选用光泽柔和、质感细腻、定型性较好的面料，如真丝缎、府绸、泡泡纱、聚酯纤维面料等，造型个性鲜明，靓丽时尚。

前　　　　　　　　　　　后

图8-6-1　披肩领后开襟女衬衫造型

2. 成品规格与用料

该款衬衫的成品规格设计参见表8-6-1，使用面料幅宽114cm或143cm，用料150cm。

表8-6-1　披肩领后开襟衬衫规格表（160/84A）　　　　　单位：cm

	后衣长	胸围	腰围	臀围	袖长	袖口
净体尺寸	背长38	84	66	88	全臂长52	掌围20
成品规格	58	94	74	96	48	24

二、结构制图（视频8-6）

1. 原型处理（图8-6-2）

① 将后肩省的1/2转移作为袖窿松量，剩余1/2肩省量暂时保留，完成后片基本结构后进行省道转移。

视频8-6

② 前袖窿省的1/4保留作为袖窿松量，剩余3/4袖窿省量暂时保留，完成前片基本结构后进行省道转移。

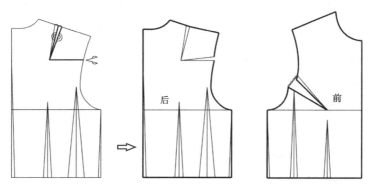

图8-6-2 披肩领后开襟女衬衫的原型处理

2. 前片（图8-6-3）

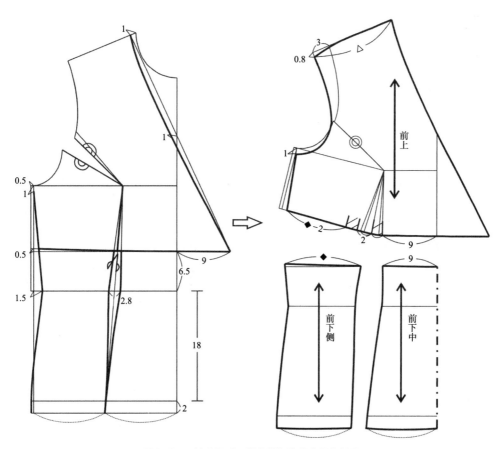

图 8-6-3 披肩领后开襟女衬衫的前片结构制图

① 按照造型确定领口、胸下的分割线位置和V型门襟交叠量，袖窿深向下1cm，胸围宽在侧缝减0.5cm，作垂线至底边。

② 根据胸腰围差计算腰省总量（B94－W74）/2＝10cm。侧缝收省1.5cm，前腰省量2.8cm，后腰省量4.2cm，省量分配的比例可以参照原型腰省进行调整。

③ 根据造型确定省道中线至BP，前片下半部分在腰省两边绘制分割线，侧缝适当增加臀围宽，前中线连裁，确定前片下部纸样分为2片。

④ 将3/4原型袖窿省转移至分割线腰省位置，与原腰省合并的总省量等分，确定胸下分割线的2个褶裥量，间距2cm。

⑤ 延长肩线为落肩造型弧线，绘制前袖窿弧线，确定前片上部纸样。

3. 后片结构（图8-6-4）

① 后中线增加门襟止口宽度，后领靠近肩线的弧度较大，使前、后领口弧线能够拼接圆顺。

② 延长肩线呈落肩弧线，后肩线长度略大于前肩线，绘制后袖窿弧线。

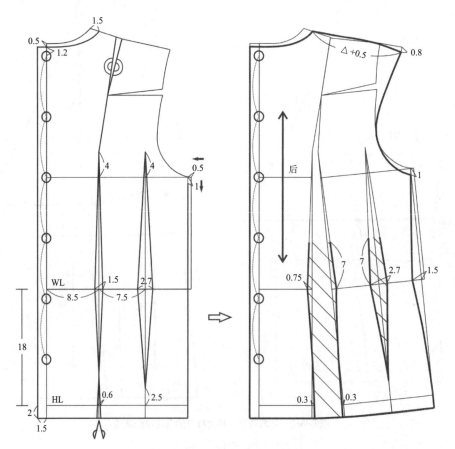

图8-6-4　披肩领后开襟衬衫的后片结构制图

③ 从原型的腰省中线连接肩省尖点，剪开作为纸样切展辅助线，将原型剩余的1/2肩省量转移至底边。

④ 从纸样切展线的两侧分别取腰省量，在臀围线上适当增加臀围宽，后腰省仅缝合至腰围线上7cm，上部为活动的褶裥。

4. 披肩领结构（图8-6-5）

① 将前片和后片的肩线拼合，后中线适当增加领座高度，确保领下口弧线圆顺。

② 根据造型确定领外口弧线，后中线略向内收，肩部的领宽度与后领宽度基本相等。

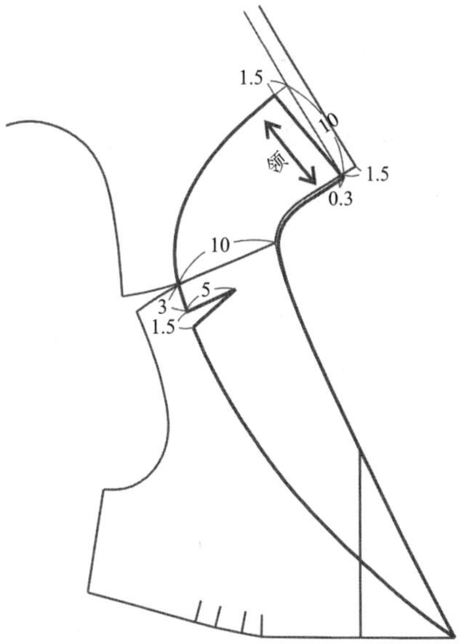

5. 衣袖结构（图8-6-6）

① 测量前、后衣身的袖窿弧长，取袖山高为1/4AH＋1，绘制袖山弧线。

② 按照弯身合体袖结构确定袖身的基本形态，袖口宽度包含中线褶量，袖底缝上部呈外凸形态，形成上松下紧的羊腿袖造型。

③ 根据造型确定前袖褶裥位置的切展辅助线，将肘省转移至前袖缝，增加前袖的褶裥松量，褶裥缝合约4cm。

图 8-6-5　披肩领后开襟衬衫的领结构制图

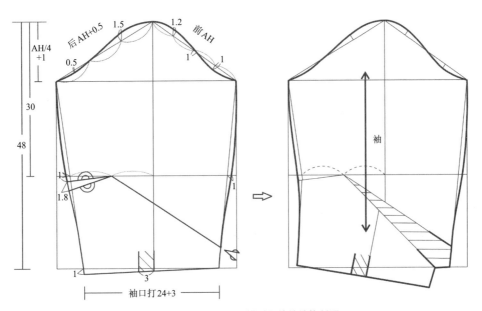

图 8-6-6　披肩领后开襟衬衫的袖结构制图

三、衣片净样

将披肩领后开襟女衬衫的结构制图按照每个衣片分开,获得相应的衣片净样板,如图8-6-7。

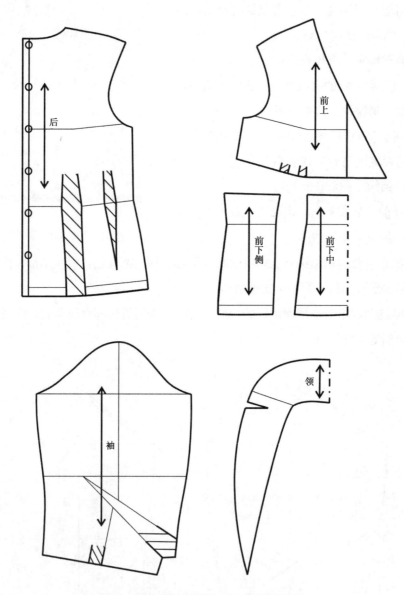

图8-6-7　披肩领后开襟女衬衫的衣片净样板

第九章

半身裙结构设计

■■■■■■■■■■■■■■■■■■■■■■■

　　半身裙是指包裹人体下半身的服装，也是人类最古老的服装形式之一，其穿着方便，造型变化多样。半身裙的造型受到人体体态和活动功能的限制较少，相对于上装而言，可以进行更加灵活的结构设计变化。影响半身裙造型的结构构成要素主要有省道、分割、褶皱开衩以及口袋等细节，通常根据半身裙的不同廓形选择相应的结构设计方法。

第一节 ｜ 半身裙的造型种类

导学问题:

1. 半身裙的造型可以分为哪些类型?

2. 半身裙的基本廓形与结构设计有什么关系?

一、半身裙的造型

半身裙也可以简称为裙,英文为Skirt,是指包裹人体下半身的服装,也是人类最古老的服装形式之一。半身裙的结构简单,穿着方便,在世界不同地区的传统服饰中被广泛应用,并不受性别限制,如男性穿着的苏格兰裙等。现代服饰中的半身裙主要用于女性,逐渐成为女性的代表性服装,款式变化丰富,随着时代流行而呈现越来越多样化的造型。

半身裙穿着时受到人体体态和功能性的限制较少,相对于上装而言,可以进行更加灵活的造型变化。半身裙可以根据面料材质、缝制工艺、款式风格、穿着场合等不同而区分,如牛仔裙、网球裙、公主裙、休闲裙、一步裙等多种名称,且很难描述出裙子的具体造型。在此根据半身裙造型的结构特点,按照以下几种常见方式进行分类:

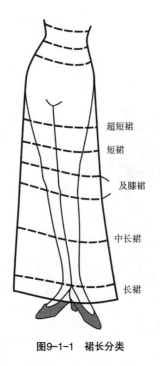

图9-1-1 裙长分类

二、按照长度分类（图9-1-1）

以裙下摆的底边位置作为划分长度的标准时,半身裙通常可分为以下几种:

① 超短裙:也称迷你裙,长度在大腿上部,具有活力、年轻的潮流感,裙长通常大于1/5号（身高）+ 4cm。

② 短裙:长度至大腿中下部,适合少女穿着,裙长约为1/4号 + 2~5cm。

③ 及膝裙:长度至膝关节上下,通常作为商务制服裙的标准裙长,裙长约为3/10号 + 4~12cm。

④ 中长裙:长度至小腿中部,经典实用,裙长约为2/5号 + 5~8cm。

⑤ 长裙：长度在小腿肚以下至脚踝骨，飘逸浪漫，裙长约为3/5号−0~12cm。

⑥ 拖地长裙：前身长度至地面，后摆长度可以根据造型而确定，裙长通常约为3/5号＋3~5cm。

三、按照廓形分类

半身裙的基本廓形通常按照裙子下摆的宽度进行划分，分为紧身裙、半紧身裙、斜裙、圆裙、灯笼裙等。每种基本廓形所对应的裙片结构有所区别，通过基本廓形的裙片变化和组合，可以形成其他廓形的裙造型，如在紧身裙基础上增加褶皱可以形成百褶裙造型等。

半身裙常见的基本廓形和造型特征参见表9-1-1。

表9-1-1 半身裙基本廓形和造型特征

紧身裙	半紧身裙	斜裙	圆裙	灯笼裙
腰部到臀部贴体，臀部以下基本呈直线造型	腰部合体，臀部较合体，臀围线以下适当扩展，呈现平整的A字廓形	腰部合体，臀部和下摆顺势加大，下摆略有波浪褶	腰部以下形成大量放射状的波浪褶，裙身展开时呈圆环或扇形	腰部合体，底边收拢，裙中部扩展，下摆常设计为收褶皱的形式

四、按照裙腰的造型分类（图9-1-2）

根据腰线上部边缘的位置，半身裙可以分为基本腰线裙（中腰裙）、低腰裙、高腰裙。裙腰线高度正处于人体腰节线位置的造型是基本腰线裙，低于人体腰节线的是低腰裙，高于人体腰节线的是高腰裙。

根据裙腰的造型和缝制工艺，可以分为加装腰头的束腰裙和无腰头的连腰裙。

根据加装腰头的造型，又可以分为直线腰头和曲线腰头，直线腰头适合基本腰线位置的造型，曲线腰头更适合低腰造型。

连腰裙从外观上来看没有单独的腰头，需要在裙腰内侧加装腰里贴边，或采用滚边工艺来处理缝头。

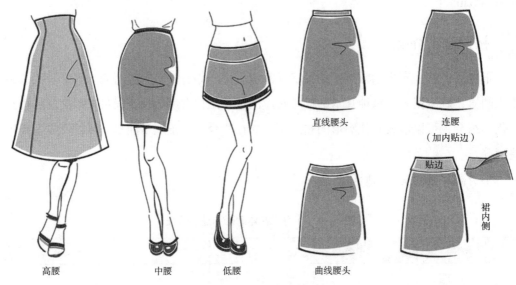

图9-1-2　裙腰造型的分类

五、按照裙片的内部结构分类

根据裙片的基本纵向分割结构，半身裙通常可以分为两片裙、四片裙、六片裙、八片裙等，其大多采用对称均衡的结构形态，纸样绘制和缝制工艺都更简便。

按照半身裙内部的分割、褶皱、层叠等结构设计细节，半身裙又可以分为育克分割裙、百褶裙、花苞裙、纱笼裙等，参见图9-1-3。在进行半身裙的内部结构设计时，通常先根据整体廓形确定基本裙片结构，再根据内部结构细节进行相应的纸样变化，纸样分割后的各部分形态相对独立，从而形成丰富多样的半身裙造型。

图9-1-3　半身裙的内部结构变化

项目练习：

收集不同造型的半身裙实例，结合半身裙的主要结构分类方式，分析裙片的基本廓形和内部结构形态。

第二节 | 紧身裙的结构设计

导学问题：

1. 影响紧身裙结构设计的功能性因素主要有哪些？
2. 紧身裙前片和后片的结构设计有什么差别？

一、紧身裙的造型与功能特点

在所有的半身裙造型中，紧身裙属于贴身的极限设计，从腰部到臀围的造型高度合体。臀围线以下的造型可以分为两种：一种是完全呈直线造型的直筒裙，另一种是下摆略微向内收的合体窄裙。

由于紧身裙紧裹腰臀部和腿部，需要根据下肢的运动范围而设计合理的结构松量。人体在弯腰、坐、蹲等动作时，腰围和臀围部位延展，紧身裙的相应部位需要增加一定的放松量才可以确保活动时舒适方便，通常对应的腰围基本松量为1~2cm，臀围基本松量2~4cm。正常步行时的人体足距约65cm，两膝所需要的活动围度约90~110cm，因而长度超过膝盖的紧身裙需要增加开衩或褶皱，才能满足行走的基本需要。

人体腰围至臀围部位的体态呈明显上小下大的曲面体，为了确保造型平整合体，紧身裙需要将腰围与臀围的差量在布料上均衡减去（收省），并且省道的大小和方向尽量接近人体的自然状态体型，参见图9-2-1。

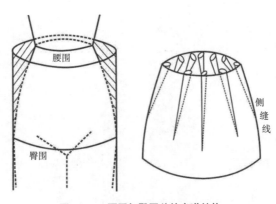

图9-2-1 腰围与臀围差的省道结构

紧身裙的腰部通常增加单独缝制的腰头，以平直造型为主，直线式的腰头结构和缝制工艺最简单方便，同时也较为稳定牢固，使腰围受力时不容易变形。为了穿脱方便，紧身裙还需要在腰部至臀围部位设计足够长度的开口，并安装拉链。

二、紧身裙的基本造型与成品规格

1. 款式

紧身裙最基本的款式为正装直筒裙，裙长通常至膝盖附近，基本结构为前身一整片，后身两片，中腰加平直腰头，前片左右各收省2个，后片左右各收省2个，后中线腰部装拉链，后中线底边开衩，如图9-2-2。

直筒紧身裙的纸样也可以作为裙原型，在此基础上进行其它造型和结构变化。

图9-2-2　紧身裙的基本造型

2. 面料

紧身裙在坐姿时容易产生褶皱和变形，适合采用较紧密而抗皱保型性好的面料，如哔叽、华达呢、法兰绒等。当造型为较合体的短裙时，往往采用有一定弹性的面料，使臀围和下摆更加贴体，并使人体活动时底边不容易上翘卷边。

3. 成品规格

为保持统一，本章所有款式的图都采用女下装常用的中间体M码（160/66 A号型），成品部位规格与净体尺寸直观对应，两者基本无关则采用"/"表示忽略。确定本款紧身裙的成品部位规格，参见表9-2-1。

表9-2-1　紧身裙规格表（160/66A）　　　　　　　　　　　　单位：cm

	裙长（L）	腰长	腰围（W）	臀围（H）	腰头宽
成品尺寸	56	18	67	94	3
计算方法	3/10号+8	/	净腰围（W*）66+1	净臀围90+4	/

三、紧身裙结构制图

1. 结构基础线（图9-2-3）

① 绘制上水平线AB，为腰水平线。

② 右侧绘制纵向垂线AC为前中线，长度为裙长 – 腰头宽 = 53cm。

③ 过C点绘制底边水平线。

④ 在前中线上取AD为腰长18cm，过D点做臀围水平线DE，长度为1/2净臀围+2=47cm。

⑤ 过E点作纵向垂线为后中线，与腰水平线相交于B点，与底边水平线相交于F点。

⑥ 将臀围线DE等分，过等分点G作纵向垂线为侧缝交界线，与腰水平线相交于H点，与底边水平线相交于I点。

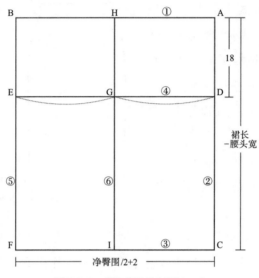

图9-2-3 紧身裙结构制图（一）

2. 纸样外轮廓线（图9-2-4）

① 在腰水平线上从前中线取W/4+1=17.75cm，将前腰臀差作三等分，每份为○（约为1.9cm）；从后中线取W/4-1=15.75cm，将后腰臀差作三等分，每份为●（约为2.6cm）。

② 从前腰的第一等分点垂直向上1cm为侧腰起翘量，确定K点；从后腰的第一等分点垂直向上1cm为侧腰起翘量，确定M点。

③ 从K点与臀围线G点相连，绘制前侧缝弧线，臀围以上中部凸出0.5cm，与臀围线以下的直线连接圆顺至底边I点。

④ 从M点与臀围线G点相连，绘制后侧缝弧线，臀围以上中部凸出0.5cm，与臀围线以下的直线连接圆顺至底边I点。

⑤ 过A点向K点连弧线为前腰围线，在K点与前侧缝弧线保持垂直。

⑥ 沿后中线从B点向下1cm，与M点连弧线为后腰围线，与后中线、后侧缝弧线分别保持垂直。

⑦ 后中线从底边F点向上取后中线开衩长15cm，宽4cm。

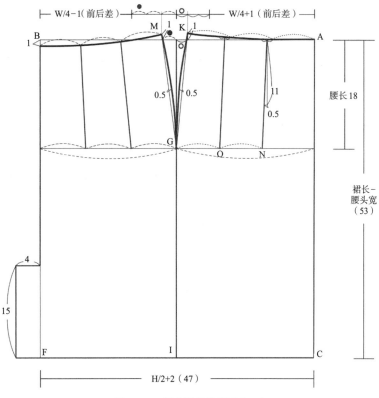

图9-2-4 紧身裙结构制图（二）

3. 腰省（图9-2-4、图9-2-5）

为了达到均衡收腰的造型，紧身裙的省道位置通常接近腰围和臀围的三等分位置，略偏向于侧缝。前身的省道较短小，对应腹凸部位；后身的省道长而且省量较大，对应臀凸部位。

① 将前腰围弧线AK作三等分，从两个等分点分别向侧缝方向取腰省量为○（1/3前腰臀差）。

② 将靠近前中线的腰省量等分，从中点作竖直线长11cm，向左0.5cm为省尖点，连接前中省道的中线和两边。

③ 延长前中省道的中线，与臀围线相交于N点，至侧缝距离GN等分确定O点。

④ 将靠近前侧缝的腰省量等分，中点与臀围线上O点相连为前侧省中线，取省道长10cm，绘制前侧省道。

⑤ 将后腰围弧线和后臀围宽三等分，等分点分别相连，作为两个后腰省的中线。

⑥ 从两个后腰省中线为中点，取两个省道大小都为●（1/3后腰臀差）。

⑦ 后中省的省尖点距离臀围线5cm，后侧省的省尖点距离臀围线6.5cm，分别连接

后中省道和后侧省道。

4. 腰头（图9-2-5）

腰头宽度3cm，长70cm（腰围67＋重叠量3）。确定侧缝对位标记，绘制扣眼和纽扣位置，纽扣中心距离止口边约1.5cm。

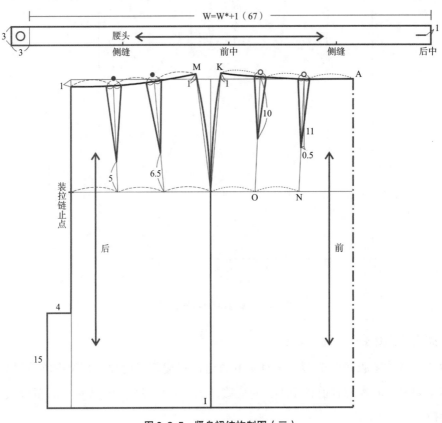

图9-2-5　紧身裙结构制图（三）

5. 制成线与纸样标记

将所有外轮廓线和省道加粗线做为裙片的制成线，前中线连裁，后中线拉链位置做标记。前、后片都取中线方向为经纱方向，腰头取腰围的长度方向绘制经纱方向符号，标注每一个衣片的名称，如图9-2-5。

四、样板制作

在结构制图的基础上，还需要进行纸样的检查修正和缝头加放，才能完成裙子的实用工艺样板，用于裁剪和缝制。半身裙的款式造型变化多样，但样板工艺的制作方法基本一致。

1. 修正腰省

用拷贝纸拓取裙片的省道部分，折叠省道模拟缝合效果，省道所在的腰弧线会发生凹进或不圆顺的现象。折叠后重新画顺腰围弧线，然后将纸样展开，根据展开后的线条修正补齐腰省，如图9-2-6。

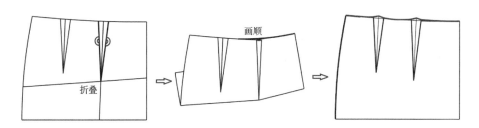

图9-2-6　紧身裙的腰省修正

2. 缝头加放

按照裙子采用的面料特性和工艺要求加放缝头，即获得紧身裙的裁剪样板，如图9-2-7。图中采用的缝头加放量适用于中等厚度面料，平缝工艺，无衬里。

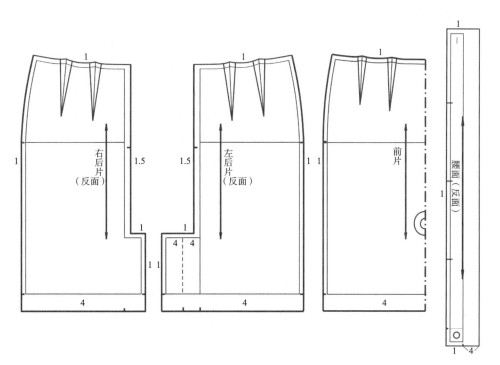

图9-2-7　紧身裙的裁剪样板

第三节 ｜ 半紧身裙的结构设计

导学问题：

1. 半紧身裙的造型设计有哪些限制？
2. 半紧身裙的腰省设计与紧身裙有什么差别？

一、半紧身裙的造型和功能特点

半紧身裙的廓形从腰部到臀围基本合体，臀围线以下的造型均匀扩展，也称为A型裙。半紧身裙造型偏向于休闲风格，穿着轻松舒适，几乎不受年龄和体型的限制，适用场合广泛。

半紧身裙的长度通常不宜超过小腿肚，否则下摆围度可能不能满足步行时的活动幅度。当裙长较长、裙摆较大时，适合使用挺括厚实型面料，有利于形成舒展平整的造型，如牛仔布、粗纺毛呢面料等。

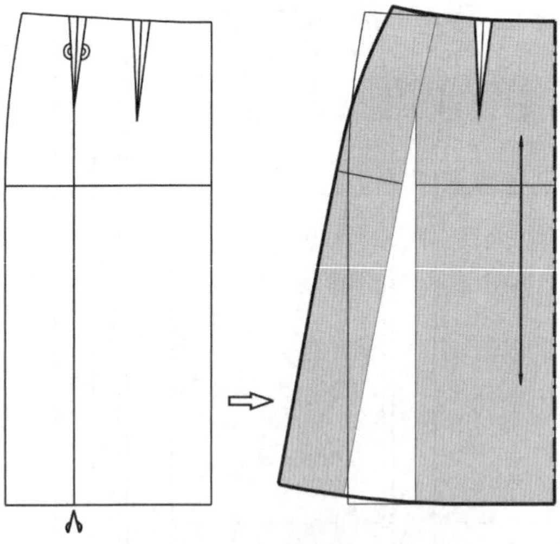

半紧身裙臀围以上的造型较合体，需要和紧身裙一样收腰省，但收省量小于紧身裙的腰省量。我们可以用紧身裙纸样为基础进行纸样剪切，减小腰省，增加下摆松量，从而获得半紧身裙的纸样，参见图9-3-1。

通过这种纸样的变化可以看到：随着裙摆的增加，臀围以下的侧缝线向外扩展，臀围的松量适当增加；同时减少腰省的数量，腰围线弧度变大；底边线变成均匀的弧线。

图9-3-1 紧身裙纸样切展得到的半紧身裙

二、半紧身裙的基本造型与成品规格

1. 款式

半紧身裙的基本造型长度略过膝，前后裙身各一片，前腰省2个，后腰省2个，略低腰的曲线腰头，右侧缝装隐形拉链，如图9-3-2。

本款半紧身裙适用于稍厚实挺括的面料，棉斜纹布、牛仔布、精纺毛料、薄呢、化纤面料等均可采用。

图9-3-2　半紧身裙的基本造型

2. 成品规格

半紧身裙的成品腰围通常按照低腰线实际对应位置加放松量1~2cm，臀围放松量4~6cm。以女下装常用的中间体M码（160/66A号型）为例，确定本裙的成品部位规格，参见表9-3-1。

表9-3-1　半紧身裙规格表（160/66A）　　　　单位：cm

部位	裙长（L）	腰长	腰围（W）	臀围（H）	腰头宽
成品尺寸	60	17	70	94	3
计算方法	3/10号+12	净腰长18-1	净腰围（W*）66+4	净臀围（H*）90+4	/

二、半紧身裙制图

1. 结构基础线（图9-3-3）

① 在右侧绘制前中线，长度取裙长58-腰头宽3=55cm。

② 绘制腰水平线和底边水平线。

③ 取腰长17cm作臀围水平线。

④ 取臀围水平线总宽度1/2 H*（净臀围）+2+空余量（约10cm）=57cm，在左侧绘制后中线。

⑤ 从前中线取前臀围宽1/4 H*+1+1=24.5cm为A点，从后中线取后臀围宽1/4 H*+1-1=22.5cm为B点，从A、B点分别向下作垂线至底边线。

⑥ 从A、B点分别向下10cm，水平向外1.2cm确定侧缝斜线角度，与A、B点分别连接，延长后与腰水平线相交于C、D两点。

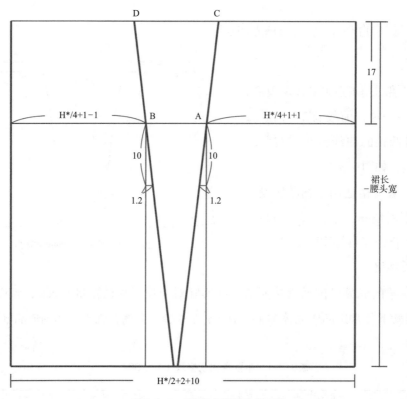

图 9-3-3 半紧身裙的结构基础线

2. 裙片的外轮廓线（图9-3-4）

① 从前腰线C点内收2cm，垂直向上1.5cm，画顺前腰围弧线。

② 从后腰线D点内收2cm，垂直向上1.5cm，后中线向下1cm，画顺后腰围弧线。

③ 将底边宽度三等分，从1/3等分点向侧缝作垂线，确定裙摆起翘量，分别画顺前片和后片的底边弧线，与中线和侧缝都保持垂直。

3. 腰省（图9-3-4）

① 测量前腰围弧线，前腰围大取 1/4 W（成品腰围70）+ 1.5 = 19cm，余量为前腰省（≈1.6cm）。

② 取前腰围弧线的中点为省道中点，垂直向下10cm，水平向侧缝方向0.5cm为省尖点，省道中线与腰围弧线接近垂直，绘制前腰省。

③ 测量后腰围弧线，后腰围大取 1/4 W − 1.5 = 16cm，余量为后腰省（约为2.8cm）。

④ 取后腰弧线中点为省道中点，与后臀围线中点相连，距臀围线5cm为省尖点，绘制后腰省。

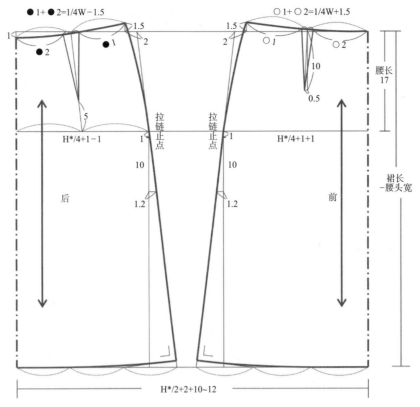

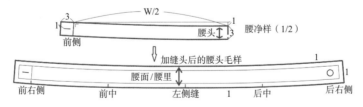

图 9-3-4　半紧身裙的结构制图

4.腰头（图9-3-5）

　　腰头的成品宽度为3cm，总长73cm（腰围70＋重叠量3），曲度起翘量为1cm，前后侧缝线与腰头上下的曲线保持垂直。绘制曲线腰头结构图可以只画腰围长度的一半，注意标注里襟方向。

　　制作曲线腰头的裁剪样板时需要画出整体腰头长度，并增加相应的缝头量和对位标记点。

图 9-3-5　曲线腰头的结构制图和裁剪样板

5.制成线与纸样标记

　　将所有的外轮廓线和省道加粗，绘制裙片的制成线，前、后中线连裁，侧缝拉链位置做标记。前片、后片、腰头都取中线方向绘制经纱方向符号，标注每一个衣片的名称。

第四节 | 斜裙和圆裙的结构设计

一、斜裙与圆裙的造型和结构特点

斜裙和圆裙的造型整体均匀扩展，形成自然垂顺的波浪褶，也称为波浪裙、喇叭裙、大摆裙。从造型来看斜裙与圆裙的区别在于：斜裙在臀围以上相对合体平展，不收腰省或少量收省；圆裙在臀围以上更加宽松，形成自然悬垂的褶线。

斜裙可以在紧身裙或半紧身裙的纸样基础上，通过纸样切展的方法增加下摆围度而获得，切展量越大则臀围放松量越大，下摆所形成的波浪褶越多，侧缝更趋于直线，如图9-4-1。

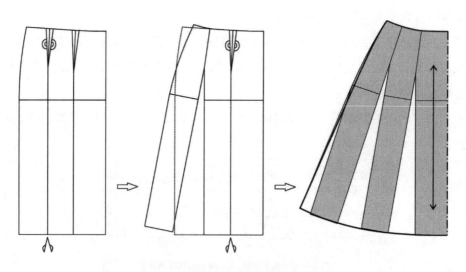

图9-4-1 紧身裙纸样切展得到的斜裙结构

当裙子的下摆足够宽大时，侧缝可以完全呈直线，只需保持腰围长度适当，腰围弧线和裙摆弧线采用圆形或扇形直接制图，就获得圆裙的结构。圆裙的波浪褶分配均匀，裙摆平展时通常呈现特定的圆周角度如360°等，可以通过公式计算而直接制图，比起纸样剪切的结构设计方法更加简单方便。

二、圆裙的计算制图方法

1. 裙摆角度

将斜裙和圆裙平展时，观察裙片形成的扇形造型，将左右侧缝线延长后形成一定的夹角（n/2），则前后相加的整体裙片即为其双倍角度的扇形结构，即总的扇形内角（裙摆角度）为n的形态，参见图9-4-2。

由于圆裙必须在臀围和下摆具有足够的波浪褶余量，通常裙片的整体扇形内角 $n \geqslant 180$，并选择标识明显、容易计算的角度，如180°、240°、300°、360°、480°、540°等，按照扇形结构进行制图的大摆斜裙也可以统称为圆裙。

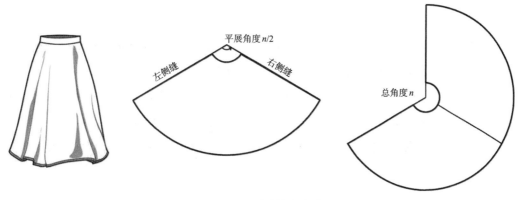

图9-4-2　圆裙的裙摆角度

2. 腰围半径的计算

将半身裙的腰围当做扇形的内弧周长，根据腰围尺寸W（成品规格）计算制图时的腰围弧线内圆半径。利用扇形弧边长度（W）的计算公式 $\dfrac{n}{360°}2\pi r$，推出腰围弧线内半径的计算公式 $r = \dfrac{360°W}{2\pi n}$ 。

以女下装的中间体M码（160/66号型）为例，取圆裙的裙长过膝60cm，腰围松量1cm，则计算圆裙最常见的裙摆角度制图公式参见表9-4-1。

表9-4-1　圆裙常用裙摆角度计算表　　　　　　　　　　　　　　　　单位：cm

裙摆角度n	180°	240°	300°	360°	540°
腰围（W*+1）	67	67	67	67	67
腰围内径r	21.3	16	12.8	10.7	7.1
r计算公式	$\dfrac{360°\times 67}{180°\times 6.28}$	$\dfrac{360°\times 67}{240°\times 6.28}$	$\dfrac{360°\times 67}{300°\times 6.28}$	$\dfrac{360°\times 67}{360°\times 6.28}$	$\dfrac{360°\times 67}{540°\times 6.28}$
裙长	60	60	60	60	60
腰头宽	3	3	3	3	3
裙底边周长 [（n/360°）× 2π×裙底边外径]	246	369	410	492	604

三、整圆裙的结构制图

1. 款式与规格

整圆裙的裙摆平展时，前后各呈180°的半圆环，合并后即为360°的整圆造型。整圆裙的造型风格浪漫自然，富有动感。适合选用柔软而悬垂性好的面料，如雪纺、真丝绸、天丝、亚麻布、针织呢等，不同面料所形成的衣褶效果有明显的差异。当布料幅宽足够时，左右裙片尽量裁剪成整片，直线腰头，右侧缝装隐形拉链。

以女下装中间体M码（160/66A号型）为例，确定整圆裙的成品部位规格，参见表9-4-2。

表9-4-2　整圆裙的成品规格表（160/66）　　　　　　　　　　　　　　单位：cm

	裙长（L）	腰围（W）	腰头宽	裙摆角度（n）	裙腰制图半径
成品尺寸	60	67	3	360°	≈10.7
计算方法	3/10号+12	净腰围66+1	/	/	r = W/2π

2. 整圆裙的制图（图9-4-3）

① 用圆规绘制90°的扇形：内径腰围半径r = W/2π ≈ 10.7cm，内弧长W/4 = 16.75cm，裙底边外径为腰围内径10.7 + 裙长60 – 腰头宽3 = 67.7cm。

② 绘制前片：纵向为前中线，水平为侧缝线，距离腰线18cm为拉链开口止点。

③ 在前片基础上叠加绘制后片：纵向为后中线，后腰围弧线位置比前腰线中点向下1cm，画顺后腰围弧线并保持长度W* + 1/4 = 16.75不变，后侧缝线根据腰线位

置平行内收约为 0.5cm。

④ 绘制腰头：宽 3cm，长 70cm = 腰围 67 + 重叠量 3，扣眼和纽扣距离止口边 1cm，取腰头的长度方向为经纱方向。

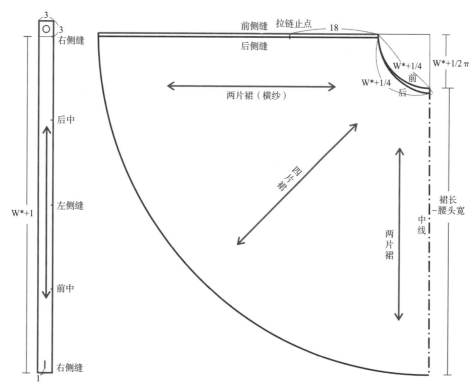

图 9-4-3　整圆裙的结构制图

3. 整圆裙的纱向和排料裁剪

在结构制图的基础上，裙子的裁剪工艺样板首先需要进行缝头加放。裙片的腰线缝头 1cm，中线连裁不加缝头，拉链边 1.5cm，下摆折边宽 1.5~2cm。腰头的缝头加放方法与紧身裙基本相同。

一般而言，圆裙以每个裙片的中线作为经纱方向，裙片形态最稳定不易变形，参见图 9-4-3。根据面料的性能不同，整圆裙也可以选择不同的经纱方向。柔软容易变形的面料适合采用前、后中线方向作为经纱方向，造型稳定性相对较好；较厚而柔软的面料可以使用前后中线的垂线作为经纱方向，则波浪褶外观更平整均匀；使用厚实致密的面料时适合采用中线 45° 作为经纱方向，可以获得更好的面料悬垂效果。不同纱向的裙片排料裁剪方式参见图 9-4-4。

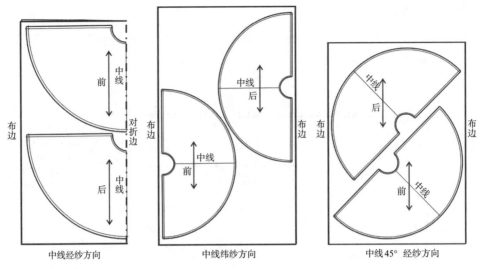

中线经纱方向　　　　　中线纬纱方向　　　　　中线45°经纱方向

图9-4-4　不同纱向的整圆裙排料裁剪

四、180°圆裙制图

1. 款式与规格

180°圆裙的裙摆平展时，前后侧缝夹角呈90°，合并后的裙片为180°的扇形。由于裙摆角度较小，整体更接近于斜裙的造型，臀围以上的裙身基本合体，风格优雅自然。180°圆裙适合选用兼具身骨和悬垂性的面料，如弹力棉、薄呢、化纤面料等。前后裙片可以作为整片，也可以采用不同纱向和图案的面料在中线进行拼接。

以女下装中间体M码（160/66A号型）为例，确定裙成品部位规格，参见表9-4-3。

单位：cm

表9-4-3　180°圆裙的成品规格表（160/66A）

	裙长（L）	腰围（W）	腰头宽	裙摆角度（n）	裙腰制图半径
成品尺寸	60	67	3	180°	≈21.3
计算方法	3/10号+12	净腰围66+1	/	/	r=W/π

2. 结构制图（图9-4-5）

① 使用圆规工具绘制45°的扇形，内环腰围半径 $r = W/\pi \approx 21.3cm$，内弧长 $W/4 = 16.75cm$，裙底边外径为腰围内径＋裙长－腰头宽＝78.3cm。

② 绘制前片：纵向为前中线，45°斜边为侧缝线，距离腰线18cm为拉链开口止点。

③ 在前片上叠加绘制后片：纵向为后中线，后腰围弧线比前腰线中点向下1cm，画顺后腰围弧线长度 $W^* + 1/4 = 16.75$ 不变，后侧缝线在臀围以上略向内收呈弧线，穿着时

更加自然贴体。

④ 绘制腰头：宽3cm，长70cm＝腰围67＋重叠量3，扣眼和纽扣距离止口边1cm，取腰头的长度方向为经纱方向。

⑤ 裙片纱向和标记：裙片结构采用前、后两片时，取前后中线作为经纱方向；当中线分开裁剪共四片时，以每一个裙片的中线作为经纱方向，更适合条纹图案的面料拼接。

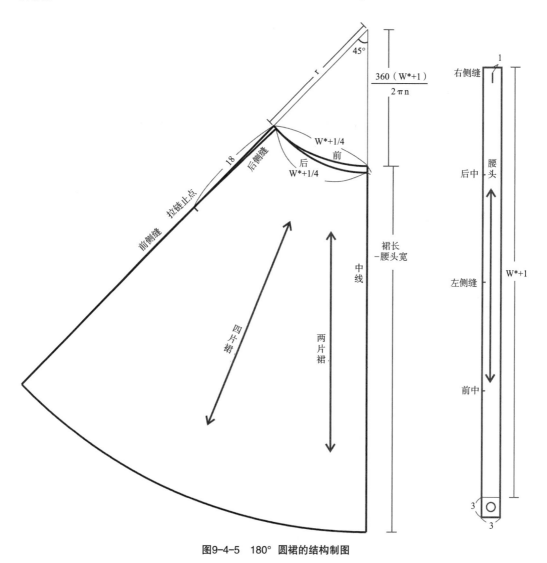

图9-4-5　180°圆裙的结构制图

第五节 | 半身裙的内部结构变化

导学问题:

1. 半身裙的腰部结构和人体活动功能有什么关系?

2. 半身裙的分割线设计有什么限制?

3. 半身裙的褶皱变化对纸样的外轮廓和内部结构有什么影响?

半身裙的造型多样,其中裙子长度变化主要受到流行时尚和功能性的影响,对应结构纸样的变化不大,对半身裙结构设计影响较大的主要是腰线、分割线、褶皱、层叠等造型变化。

一、腰部结构的变化

1. 低腰裙的结构设计

低腰裙的腰线位置从人体腰围线适当下移,通常不低于髋骨凸出的位置,可以在一定程度上掩饰较粗的腰围,活动便利,几乎适用于所有的裙身造型。

低腰裙结构设计可以在中腰裙纸样的基础上进行变化,如图9-5-1。

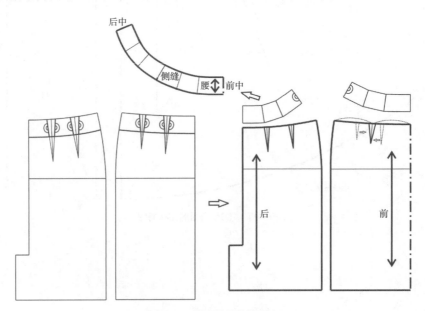

图9-5-1 低腰裙的结构设计

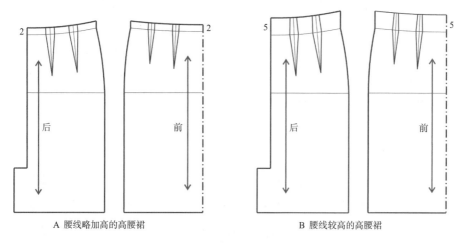

A 腰线略加高的高腰裙   B 腰线较高的高腰裙

图9-5-2 高腰裙的结构设计

　　将中腰裙纸样按照低腰造型位置剪掉腰线以上的部分，保持腰围弧线与原腰围线平行，腰省量随之减小，当省量很小时也可以将省道移位进行合并。由于低腰裙的腰头位于人体髋部，腰头必须呈上小下大的形态才能穿着贴伏，可以将中腰裙剪切下的纸样在省道和侧缝拼合，即形成曲线腰头纸样。

　　低腰裙的结构设计也可以按照成品规格直接制图，注意裙长和腰长需要从实际穿着的低腰位置开始测量，低腰裙腰围可以估算为：腰线每下降1cm，腰围增加1.5~2cm。

2. 高腰裙的结构设计

　　高腰裙的腰线位置高于人体腰围线，形成上身减短而下身加长的视觉效果，可以显得人体更加高挑修长。高腰裙的腰部造型平挺贴体，弯腰、扭转等身体活动姿态对于裙造型的影响较大，裙长不宜过短，高腰紧身裙更适合采用弹力面料以满足活动需要。

　　高腰裙的结构设计通常将中腰裙纸样向上加长，腰围弧线与原腰围线基本平行，高腰部分的侧缝线略向外倾斜，以符合侧肋部的人体形态。高腰裙的腰臀差按照人体自然曲面均衡收省，在人体腰线位置的收省量最大。如果超出腰线的高度不大时，腰围线以上的省量可以和腰省一样大，将省道直接延长，如图9-5-2A；当高腰线较高时，高腰上部的省量适当减小，省道形状为橄榄型，如图9-5-2B。

3. 无腰头结构设计

　　无腰头的半身裙外观简洁利落，不会产生束腰的拘谨和紧绷感，无腰头结构与腰位的高低和裙身造型都基本无关，按照缝制工艺方法可以分为内贴边和滚边两种类型。

　　内贴边设计适用于较厚实硬挺的面料，讲究工艺细节，做工精细。内贴边设计的方法与低腰腰头的结构相似，从裙片的腰围线边缘平行向下取所需要的裙腰贴边宽度，将省道合并修顺即为贴边造型（参见图9-5-1，前后裙片为分割前的整体结构）。

滚边设计适用于较为轻薄、结构疏散的面料，滚边宽度较窄，外观柔和精致，常用和裙身不同的面料以形成对比装饰效果。滚边条采用斜纱面料，翻折时较为柔软服贴，宽度根据滚边造型和缝制工艺方法而确定。

二、分割线的功能性设计

在设计裙子的分割线时，首先需要分析其功能性要求。对于宽松的斜裙、圆裙等造型，分割线设计通常只需考虑外观或工艺的需要。对于紧身裙等合体造型，分割线设计往往包含相应的省量，需要注意分割线位置和省量的合理性，尽可能使裙造型表面平整美观。

包含省量的半身裙分割线按照省道形态可以分为纵向分割线和横向分割线两大类。

1. 纵向分割线

纵向分割线从视觉上给人以修长挺拔之感，具有流畅优美的韵味，省道以下的分割线形态不一定都是竖直方向，也可以呈现接近纵向的斜线、弧线造型。

具有合体功能的半身裙纵向分割线通常遵循均衡分片的原则，理论上的分割数量没有限制，考虑到工艺和面料特点，往往将裙子分为四片、五片、六片、八片等。

首先根据前后片的整体形态确定合体裙基本结构，按照腰围和臀围的视觉比例设计分割线位置，把腰臀围差所对应的省量均衡分配到所有分割线上，分割线弧度柔和自然，与人体曲度基本保持一致。臀围以下的造型分割受到功能限制较少，可以根据造型需要进行设计，与臀围以上的分割线自然连接即可，如图9-5-3。

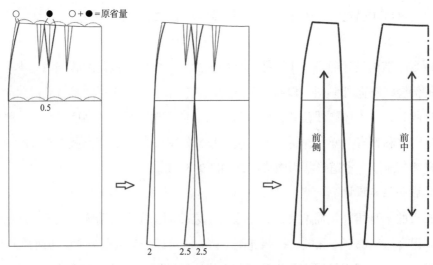

图 9-5-3　裙的前身纵向分割线

2. 横向分割线

横向分割线能够诱导人的视觉左右移动,给人平静、稳重、开阔的感觉。半身裙的横向分割线大多数为装饰性分割线,只有位于臀部和腹部的育克分割线涉及到合体功能。

半身裙的育克分割线位置通常位于中腰的凸点部位(分割线尽可能经过省尖点),造型呈横向为主的直线、弧线或折线。以紧身裙或半紧身裙纸样为基础,将省道合并转移至侧缝,分割线以上的弧线修正圆顺,使腰围线长度不变。分割线以下的裙身造型变化多样,往往与其它拼接、褶皱等设计细节相结合,只需要保持上下分割线缝合时的长度相等即可。育克分割结构设计参见本章第六节"低腰育克褶裙"和"前门襟荷叶边裙"纸样设计实例。

三、褶皱的纸样设计

褶皱可以增加服装的层次感、体积感和韵律感,半身裙的褶皱设计受到人体活动功能性的限制少,褶皱的形态和结构设计极富变化。从纸样设计的变化形式而言,可以分为增加整体松量的褶皱和局部装饰性褶皱两大类。

1. 增加裙的整体松量的褶皱结构

增加裙的整体松量的褶皱结构设计可以用于宽松裙,如斜裙或圆裙,若腰围或下摆的围度不变,则半身裙穿着时的廓形基本不变。通过增加褶量而使裙片整体加大,面料自然垂落后形成不同形态的褶线装饰效果,廓形自然舒展呈柔和的曲线形态,参见图9-5-4。

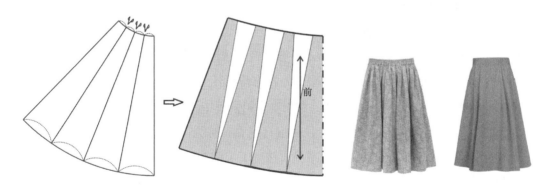

图 9-5-4　圆裙加整体松量的褶皱结构设计

首先根据裙子的基本廓形确定所采用的基本纸样类型,按照衣褶方向设计纸样的剪切线,在剪切线中均衡加入适当的切展松量,修正轮廓线,即可确定最终的裙片纸样。设计纸样剪切线方向时以纵向为主,所增加的褶皱松量采用缩褶或定位褶均可。

增加整体松量的褶皱结构也可以用于裙分割后的局部扩展造型,如荷叶边造型等(参见本章第六节"前门襟荷叶边裙"制图)。首先设计裙子基本纸样,按照造型进行分割，分割后的部分衣片按照褶线扩展方向进行纸样切展，纸样剪切线通常和需要扩展的边保持垂直，均衡加入适当的切展松量，即可获得最终的纸样。

纸样的切展松量与造型和面料性能都有关系，面料越柔软、局部造型的扩展量越大，则纸样的切展辅助线越密集，增加的总体切展松量越大。当每条剪切线加入的切展松量相等时，切展后的曲线接近于规则的圆或椭圆弧线，形成的衣褶整体均衡自然。如果将纸样剪切线的松量进行不同大小的调整，则可以按照设计需要形成不对称式的波浪弧线，局部形成的衣褶线条有独特的形态变化。

2. 局部装饰性褶皱的结构设计

半身裙的局部装饰性褶皱常与分割线组合，形态多样，确定褶皱收拢后的两边长度一致即可。局部装饰性褶皱从外观上可以分为缩褶和定位褶两类，结构设计的方法相似。首先需要根据廓形确定裙基本纸样，然后设计造型分割线，按照褶线方向设计纸样的剪切线，再在剪切线加入适当的切展松量，最后根据不同的褶皱工艺确定最终的裙片纸样轮廓线。

缩褶的外观呈现自然蓬松的成组衣褶，利用密集褶线形成肌理变化，达到半立体化的装饰效果，整体风格独具一格。合体造型的密集缩褶通常适用于轻薄型面料，所形成的局部褶皱造型柔和，缝线平整；如果采用厚面料时会明显地向外膨出，很难做到褶皱部位的外观平整美观。参见图9-5-6加不对称缩褶的裙结构制图。

定位褶也称为褶裥，用于腰线处时可以在一定程度上代替腰省，布料不完全固定的形态比省道更加活泼生动。和缩褶相比较而言，定位褶的外观平整合体，偏向于平面化的装饰效果，更适合优雅端庄的造型风格。定位褶的纸样设计比缩褶结构略复杂，纸样剪切时不仅需要考虑褶量的大小，还需要确定褶裥的位置、折叠方向和定型长度。

半身裙的定位褶裥经常采用成组设计，富有规律性和秩序感。分散布满裙片的成组定位褶可以通过计算来直接进行制图，参见本章第六节中"百褶裙"的纸样设计。

将两个大小相等、方向相反的定位褶进行组合，称为"对褶"或"工字褶"，褶裥上部缝合，褶边整体熨烫定型，外观平服自然。工字褶按照不同的折烫方向又可以分为阳裥和阴裥，阳裥的褶线位于两边，阴裥的褶线位于中间，延伸形成的下摆衣褶方向和形态也略有差异。工字褶结构设计基本不改变裙廓形，同时又可以增加局部活动松量，是非常具有实用功能的设计，参见本章第六节中"低腰育克褶裙"的纸样设计。

四、层叠结构设计

半身裙的层叠设计具有与分割线相似的裙片分割结构，又有独特的层次动感。层叠设计的上层分割线可以根据外观直接确定，而下层被遮挡的部分则需要根据面料和工艺确定合理的交叠量。从层叠部位的造型来看，半身裙的层叠设计可以分为上下、左右、内外三类交叠形式：

1. 上下层叠结构

上下层叠的设计多用于裙底摆或中部，根据交叠形式不同而采用不同的内部结构。底摆交叠的范围较小时，上下两层纸样可以采用相同的上部形态，仅裙片长度不同（参见本章第六节中"前门襟荷叶边裙"纸样设计）。

当层叠范围较大或层次较多时，为了避免造型臃肿，需要添加裙里设计，如图9-5-5的结构制图（参见本章第六节中"节裙"纸样设计），然后将每层裙片增加层叠量长度，穿着时外观总裙长不变，中层和下层裙片的上边分别与裙里对位缝合，则获得加裙里的上下层叠式蛋糕裙的纸样。

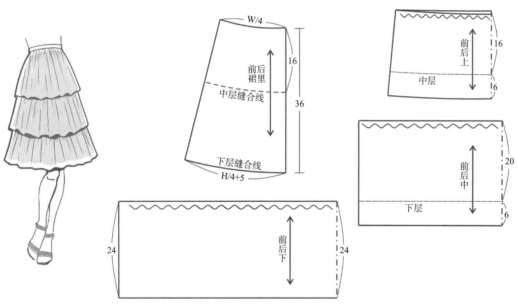

图 9-5-5 加裙里的层叠式蛋糕裙结构设计

2. 左右层叠结构

左右层叠的设计首先需要确定外层分割线位置，合体裙往往在分割线中合并腰省量。内层的衣片形态不一定与外层对称，根据面料和造型风格而确定。总体而言，厚面料的叠合量宜少，薄面料的叠合量宜多。左右片叠合量较小时，运动时产生的位移开口更加明显，更具有优雅、含蓄的柔美知性风格；左右片叠合量较多时，裙子遮蔽性更好，但容易显得呆板臃肿。

如图9-5-6为左右层叠加前中缩褶的裙结构设计，制图步骤如下：

① 完成紧身裙的基本纸样。

②按照造型设计右侧纵向分割线和左侧分割弧线。

③将两个腰省转移至分割线，然后进行裙片的分解设计。前右片为单独的裙片，左裙片保留1个腰省设计，前中为单独的装饰性衣片结构。

④前中片的里料采用分割后的基础纸样形态，前中上层面料的裙片将纸样切展后增加褶皱松量，形成局部的装饰性皱褶。

⑤缝合时先作前中双层裙片定型，然后将左片、前中裙片一起与右片的分割线缝合固定，前中裙片的外边线与左裙片腰省对位，缉缝固定。

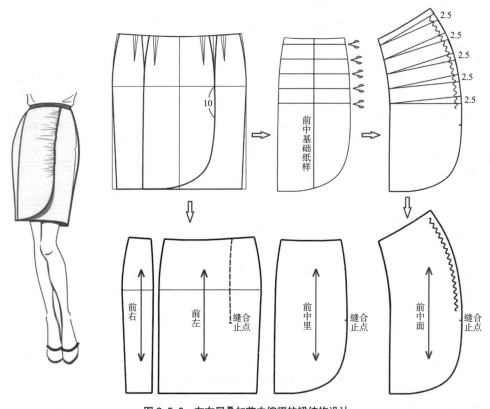

图 9-5-6 左右层叠加前中缩褶的裙结构设计

3.内外层叠结构

内外层叠的设计常用于外层通透的面料或外层明显膨出的造型。采用通透面料设计时，内外两层的纸样分别设计，腰围一起缝合即可。当内外两层的裙造型接近时，外层的裙片长度和围度松量通常略大于内层，活动时更加舒展自然。对于外观明显膨出的造型，需要添加基本廓形的裙里，外层的裙片明显地加长加宽，将外层面料底边打褶收拢，与较短的内层裙里缝合，就可以形成明显的O型立体造型（参见本章第六节中"高腰花苞裙"纸样设计）。

第六节 ｜ 半身裙的纸样设计实例

一、节裙

1. 款式特点

节裙也被称为塔裙，在裙身设计多条水平分割线，裙腰和每条分割线下部都加以细密的缩褶，使裙摆逐渐变大。节裙属于宽松裙造型，设计分割线时基本不考虑人体体型，分割节数和褶皱越多，越具有华丽的装饰感。结构制图选择的款式为图9-6-1中的基本款，裙身分为三节，裙长略过膝，侧缝加装拉链，偏向于日常穿着的休闲化风格。

在此款式基础上，可以进行多种造型变化：如改变分割的层数、褶量比例可以获得裙基本形态的造型变化；腰头加装橡筋可以使穿着更加方便舒适；通过错层缝合、添加花边等形式可以获得简单而丰富的装饰效果；还可以添加里衬，将外层裙片与里衬缝合形成层叠的蛋糕裙效果（纸样设计方法参见图9-5-5）。

图9-6-1 节裙的基本款式及其造型变化

2. 成品规格与用料

本款节裙宜采用轻薄柔软的面料，如薄棉布、雪纺、素绉缎等。使用面料幅宽

143cm，用料120cm。以女下装中码（160/66 A 号型）为例，确定本款节裙的成品部位规格，参见表9-6-1。

表9-6-1　三节式节裙的成品规格表（160/66A）　　　　　　　　　单位：cm

	裙长（L）	腰围（W）	腰头宽
净体尺寸	膝长55	66	/
成品规格	63	68	3

3. 结构制图（图9-6-2）

① 每节裙长从上到下逐渐加宽，一般采用等差或等比数列，使视觉画面感稳定均衡。本款节裙采用等差分割，三层裙片的长度分别为16/20/24，如图等分后，按照比例测量确定，也可以直接计算后确定长度分割比例。

② 每节裙片的抽褶量比例一致，根据面料特性通常加0.5~1倍比例的褶量。

③ 褶量越大、分割层次越多，则裙子的宽松量越大，裙下摆廓形越大，除了靠近腰线的最上层以外，其他层裙片采用方形直接制图。

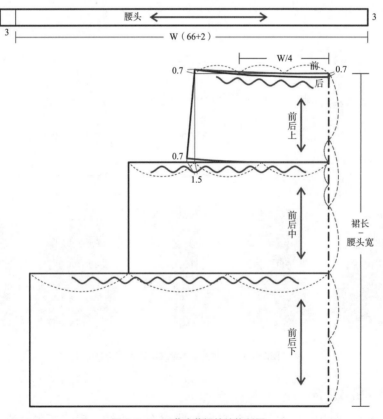

图9-6-2　三节式节裙的结构制图

④ 当第一节裙片较长并且褶皱量不大时，需要确保臀围附近具有足够的松量。可以先参考半紧身裙绘制基础纸样，腰线在侧缝起翘，后中心线下落，侧缝呈略倾斜形态，然后适当增加褶量。

⑤ 制作缩褶时先用最大针距车缝缝头边（通常取0.5cm），拉紧缝线后整理褶皱至合适的长度和形态，将褶皱熨烫定型，再与上层裙片或腰头平缝固定。

二、鱼尾裙

1. 款式特点

鱼尾裙是指裙子的廓形接近鱼尾的流线造型，腰部、臀部及大腿中部合体，膝盖以下展开，鱼尾的造型宽度和高度都可以根据造型需要而调整。鱼尾裙强调了女性优美的腰臀曲线，具有典雅浪漫的造型风格。

鱼尾裙的结构可以分为上下分割和纵向分割两种类型。

上下分割的鱼尾裙通常在膝盖上方设置横向或斜向的分割线，分割线以上的造型合体，分割线以下展开鱼尾造型。此类鱼尾裙的分割线设计多样，受到合体功能的限制较少，鱼尾部分展开的造型设计自由，廓形主要取决于下摆的围度大小，可以采用不同面料进行拼接，结构设计方法可以参见本节的"前门襟荷叶边裙"制图。通过改变分割线位置、裙长、鱼尾褶皱类型、褶量大小等方式，可以获得不同形态的鱼尾造型的变化和装饰效果。上下分割的鱼尾裙常见造型变化如图9-6-3。

图9-6-3 上下分割的鱼尾裙造型变化

纵向分割的鱼尾裙在紧身裙基础上加大下摆围度而获得，裙身廓形整体线条流畅，纵向分割线具有拉长腿部线条的视觉效果。为了保证三围合体、下部波浪摆度均匀，分割线上部包含腰省量，下部均匀扩展，通常采用多片对称式分割结构，如六片鱼尾裙、八片鱼尾裙及十二片鱼尾裙等。纵向分割的鱼尾裙常见造型变化如图9-6-4，主要通过改变裙长、分割线数量、裙摆切展增量、加入插片等方式获得相应的造型变化。

图9-6-4　纵向分割的鱼尾裙造型变化

在此选取纵向分割的八片鱼尾裙作为制图款式，裙长至小腿中部，裙身均衡分割为八片，无腰头，腰线位置加装内贴边，后中线装隐形拉链，如图9-6-5。

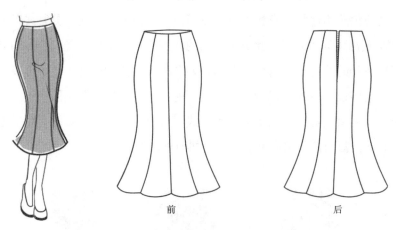

前　　　　　　后

图9-6-5　纵向分割的八片鱼尾裙造型

2. 成品规格与用料

鱼尾裙通常采用悬垂性良好的面料制作，如丝绸、精纺毛料、悬垂性好的化纤面料等。本款适用面料幅宽113cm或143cm，用料170cm。以女下装中码（160/66 A号型）为例，确定本款鱼尾裙的成品部位规格，参见表9-6-2。

表9-6-2　八片鱼尾裙规格表（160/66A）

单位：cm

	裙长（L）	腰围（W）	臀围	腰长
净体尺寸	/	66	88	18
成品规格	80	68	92	18

3. 结构制图（图9-6-6）

① 根据臀围宽度8等分确定分割线的基本位置，分割线略偏向于中线，使侧片加宽，穿着时视觉更接近于等分效果。

② 无腰头的裙腰围需要加放松量1~2cm，使上装下摆可以塞在裙内，穿着时腰线明显外露，活动方便。

③ 按照人体的腰臀围差均衡收省，每条分割线两边下摆增加的扩展量相等，缝合边等长并画圆顺。

④ 裙摆弧线与分割线保持垂直，弧度根据面料而定，确保穿着时下摆圆顺平整。

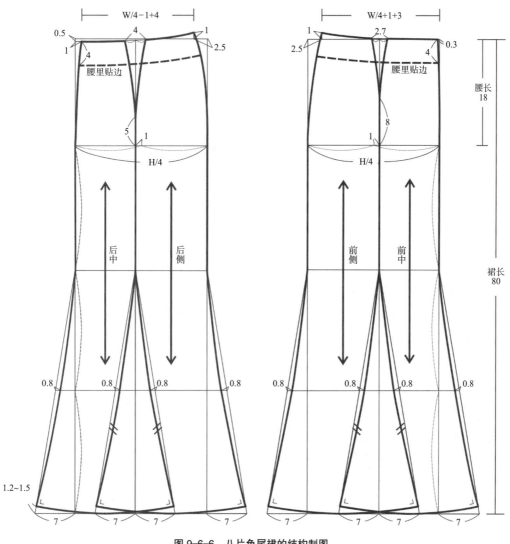

图 9-6-6 八片鱼尾裙的结构制图

4. 衣片净样（图9-6-7）

⑤ 将每个裙片的轮廓线分开，获得鱼尾裙的净样板，同时在臀围线、鱼尾起始的位置加对位眼刀，确保缝合较长的曲线分割线时不易变形，裙片缝合吃势均匀合理。

⑥ 腰里贴边的设计宽4~5cm，将裙片腰部纸样拼合，修正后获得腰里贴边纸样，前腰里为整片，后中装隐形拉链，上口和面料的腰线缝合，下口锁边或滚边。

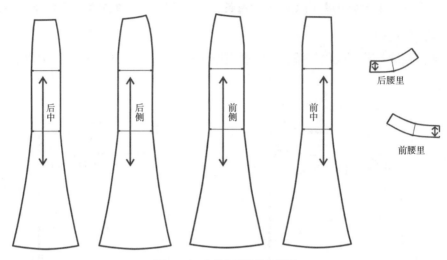

图9-6-7　八片鱼尾裙的净样板

三、百褶裙

1. 款式特点

百褶裙是裙身整体设计大量平行褶裥的造型，静止状态下的褶裥合拢呈平面肌理效果，运动时褶裥自由展开，富于韵律感和流动感。百褶裙的结构设计可以分为宽松型和合体型两种不同类型，如图9-6-8。

宽松型　　　合体基本款　　　合体变化款　　　前　　　后
　　　　　　（活褶）　　　（褶上部固定）

图9-6-8　百褶裙的基本款式与造型变化

宽松型的百褶裙在裙腰处加入的褶裥量与裙下部相等，褶裥熨烫定型后的宽度远大于臀围，穿着时接近于圆裙廓形，腰部通常采用可收缩的橡筋设计。宽松型百褶裙适合采用丝绸、雪纺等轻薄柔软型面料，整体风格浪漫休闲。

合体型的百褶裙整体廓形接近于半紧身裙，褶裥熨烫定型后的腰围和臀围基本合体，臀围以上的褶裥中包含腰臀差的省量，下摆自然展开。合体型百褶裙适合采用薄型羊毛面料或热塑定型的化纤面料制作，整体风格典雅而不失活泼，常用于校服裙等设计。

制图时选取图中的合体基本款百褶裙，裙长及膝，直线腰头，裙身共设计24个单向褶裥，前后片在侧缝褶裥的隐蔽处进行拼接，侧缝臀围线以上装隐形拉链。

2. 成品规格与用料

百褶裙通常适用于厚度适中容易熨烫定型的面料，如毛哔叽、化纤面料等，也可以采用专门的压褶机进行高温高压将褶裥定型。以女下装中码（160/66 A 号型）为例，确定本款百褶裙的成品部位规格，参见表9-6-3。使用面料幅宽143cm，用料110cm。

表9-6-3　百褶裙成品规格表（160/66）　　　　　单位：cm

	裙长（L）	腰围（W）	臀围	腰长	腰头宽
净体尺寸	/	66	88	18	/
成品规格	50	68	92+褶量	18	3

3. 结构制图（图9-6-9）

① 以成品臀围为基准，按照褶裥数量等分，确定纸样的褶裥位置。本款百褶裙的臀围H/24 ≈ 3.83cm，作为每个褶裥之间的臀围宽度距离 ●。

② 臀围的褶皱总量不超过臀围宽度的2倍，才能确保熨烫定型后的缝头平整自然。本款百褶裙的褶裥量计算应小于臀围92×2/褶数量24 ≈ 7.6cm，实际褶裥量取值7cm，将臀围线等分后将每个褶裥平均分配。

③ 根据腰臀围差计算出每个褶裥所加入的腰省量：（臀围92－腰围68）/褶数量24＝1cm，在腰线的每个褶裥两边平均分配，使褶量增加。

④ 根据底边的设计扩展量计算底边褶裥量：底边设计扩展量16/褶数量24 ≈ 0.67cm，在底边线的每个褶裥两边平均分配，使褶量缩减。

⑤ 百褶裙的单一裙片不能超过布料的幅宽，本款百褶裙中整体围度为：褶量7×褶数量24＋臀围＝260cm，因而需要分为前后两片，在侧缝褶裥隐蔽位置缝合，每个裙片宽度为130cm。

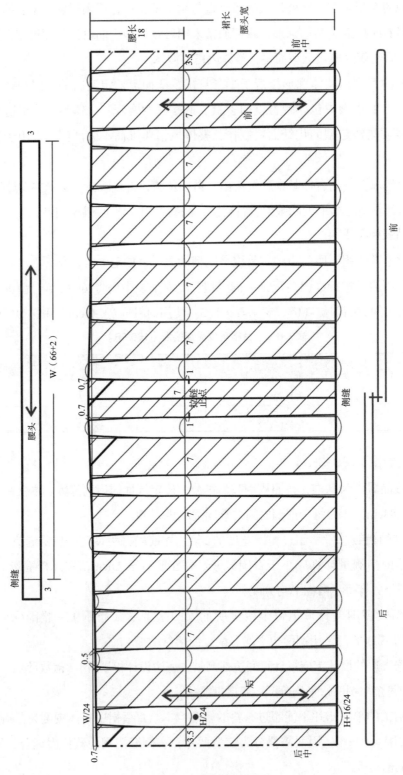

图9-6-9 百褶裙的结构设计

四、低腰育克褶裙

1. 款式特点

本款低腰育克分割裙的整体廓形呈A型，长度至大腿中下部，前后片都设有横向的育克分割线，分割线以上的部位高度合体，前身分割线下方左右各有一组工字褶。无腰头，腰里贴边和育克同型，侧缝装隐形拉链，参见图9-6-10中的款式图。

半身裙的育克分割线通常位于中腰髋部，造型呈横向为主的直线、弧线或折线。分割线以下的裙身造型变化多样，往往与褶皱、口袋等设计相结合，参见图9-6-10中的造型变化。

前　　　　　　　后

图9-6-10　低腰育克褶裙的基本款式和造型变化

2. 规格与用料

本款式适用于中等厚度较挺括的面料，如卡其布、中厚牛仔布、薄呢绒等。以女下装中码（160/66 A号型）为例，确定本款低腰育克褶裙的成品部位规格，参见表9-6-4。使用面料幅宽143cm，用料60cm。

表9-6-4　低腰育克褶裙的成品规格表（160/66A）　　　　单位：cm

	裙长（L）	腰围（W）	臀围	腰长
净体尺寸	/	66	88	18
成品规格	40	/	92	/

3. 结构制图（图9-6-11）

① 按照半紧身裙的结构设计方法确定前后裙片的基本结构，腰围不需要加放松量。

② 从腰围弧线平行向下4cm为实际裙腰的上口弧线。

③ 根据造型确定前后片的育克分割线，分割线尽量接近原省尖点附近，确保省道转

移后的曲度合理，符合人体体态。

④ 将前、后片育克纸样的省道分别合并，边线修整圆顺，与下裙片的缝合线长度相等。

⑤ 前片从省尖点作垂线为纸样剪切线，纸样切展后左右各增加7cm褶量，呈向内相对的阴裥。

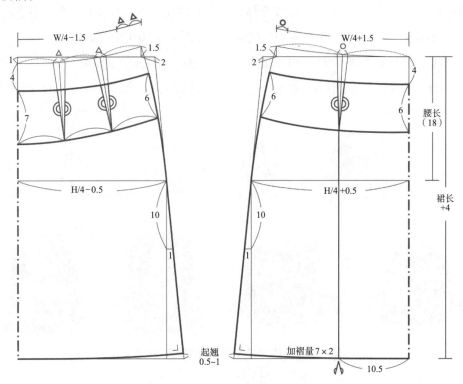

图 9-6-11　低腰育克褶裙的结构制图

4. 裙净样板（图9-6-12）

将每个衣片的轮廓线分开，前裙片纸样包含切展的褶裥量，前、后育克的纸样将省道拼合并修正，完成的裙片净样板如图9-6-12，育克为内外双层结构。

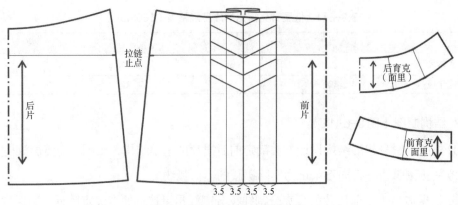

图 9-6-12　低腰育克裙的净样板

五、前门襟荷叶边裙

1.款式特点

本款式整体呈鱼尾裙廓形，裙上部紧身合体，分割线以下设计双层荷叶边，裙长至膝盖上方，活泼而富于动感。略低腰的曲线腰头，前中线安装明门襟拉链，前侧方加曲线插袋（月亮袋），后片育克分割，沿分割线左右各加方形插袋，参见图9-6-13。

图9-6-13　前门襟荷叶边裙的款式

2.成品规格与用料

本款式适用于中等厚度较挺括的面料，如牛仔布、精纺毛料、薄呢、化纤面料等。以女下装中码（160/66 A号型）为例，确定本款前门襟荷叶边裙的成品部位规格，参见表9-6-5。使用面料幅宽143cm，用料80cm。

表9-6-5　前门襟荷叶边裙规格表（160/66A）　　　　　　　单位：cm

	裙长（L）	腰围（W）	臀围	腰长
净体尺寸	/	66	88	18
成品规格	45	68	92	/

3.结构制图（图9-6-14）

① 按照半紧身裙的结构设计方法确定前后裙片的基本结构，腰省设计合理。

② 从腰围弧线平行向下4.5cm为腰头宽，确定裙片的低腰腰线位置。

③ 根据造型确定前片的荷叶边分割线和双层底边线。

④ 根据造型确定后片的育克分割线、荷叶边分割线和双层底边线。

⑤ 将前、后片的两层荷叶边部位纸样分别做四等分，确定纸样的切展辅助线。

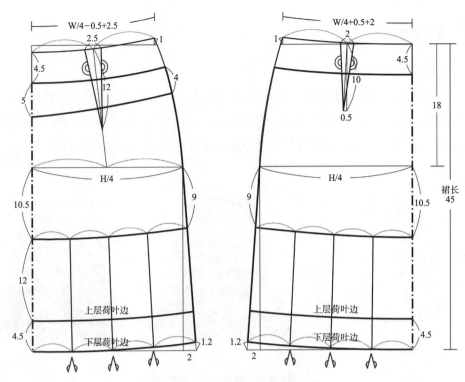

图 9-6-14 前门襟荷叶边裙的基础结构设计

4. 前身纸样（图9-6-15）

① 将腰头部分的省道拼合，弧线修正画顺，确定前身曲线腰头，右腰头中线加里襟宽3.5cm。

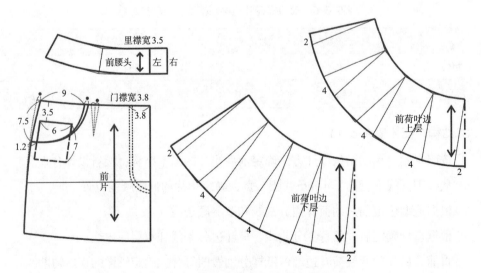

图9-6-15 前门襟荷叶边裙的前身纸样

② 将前裙片腰头以下剩余的省量等分，减去1/2原腰省量●后重新画顺侧缝，确定前裙片轮廓线。

③ 按照造型需要绘制口袋和门襟明线，口袋的曲线分割线包含1/2原腰省剩余量●。

④ 将前荷叶边纸样切展，上层荷叶边的切展角度略大于下层，确定两层荷叶边纸样。

5. 后身纸样（图9-6-16）

① 将腰头部分的省道拼合，弧线修正画顺，确定后身曲线腰头纸样，后中线连裁。

② 后育克部分的省道合并，修正腰线和下口分割线，确定后育克纸样。

③ 将后裙片腰头以下的省量○在侧缝减去，重新画顺侧缝，按照造型绘制后插袋，确定后裙片纸样。

④ 将荷叶边纸样切展，上层荷叶边的切展角度略大于下层，确定两层荷叶边纸样。

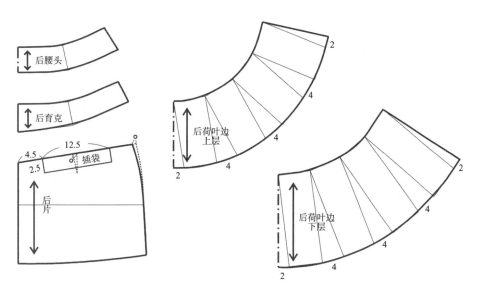

图 9-6-16　前门襟荷叶边裙的后身纸样

六、高腰花苞裙

1. 款式特点

本款高腰花苞裙的裙长至大腿中下部，裙身膨起呈灯笼裙造型，设计风格活泼俏皮。前后片都设计有高腰育克分割，分割线下加密集的褶裥，外层面料的下摆加长并在底边收褶，与裙里的底边缝合，侧缝装隐形拉链，参见图9-6-17。

图9-6-17 高腰花苞裙的款式

2. 成品规格与用料

本款裙子适用于中等厚度悬垂性较好的面料，如薄呢、精纺毛料、针织呢等。以女下装中码（160/66 A号型）为例，确定本款高腰花苞裙的成品部位规格，参见表9-6-6。注意作为秋冬季穿着时需要考虑内着服装的厚度，可以直接穿着打底服装后测量腰围和臀围。使用面料幅宽143cm，用料100cm。

表9-6-6　高腰花苞裙的成品规格表（160/66A）　　　　　单位：cm

	裙长（L）	腰围（W）	臀围	腰长
净体尺寸	/	66	88	18
成品规格	45	69（66+1+内衣厚度）	94（88+4+内衣厚度）	/

3. 结构制图（图9-6-18）

（1）按照紧身裙的结构设计方法，确定前后裙片的基本结构，参见图9-2-4、图9-2-5。

（2）从腰围弧线向上4cm，作平行曲线为高腰造型线。

（3）根据紧身裙结构设计腰省，腰省量可以适当调整，使省道中线与腰线基本保持垂直，腰线向上延伸的省量适当减小。

（4）根据造型确定前后片的育克分割线，育克分割线经过侧省的省尖点。

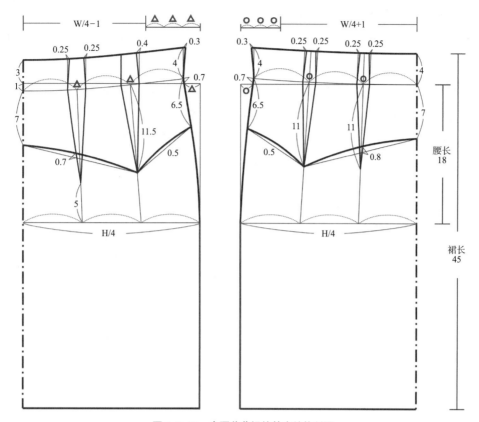

图 9-6-18 高腰花苞裙的基本结构制图

4. 裙腰育克纸样（图9-6-19）

① 前育克按照结构制图中的侧省位置分割为2片，前中腰省合并，将省量平移至分割线，分割线重新画顺，确定前身高腰育克纸样，前中线连裁。

② 后育克按照基础制图中的中省位置分割为2片，将后侧腰省量等分，分别平移至分割线和侧缝，分割线和侧缝重新画顺，确定后身高腰育克纸样，后中线连裁。

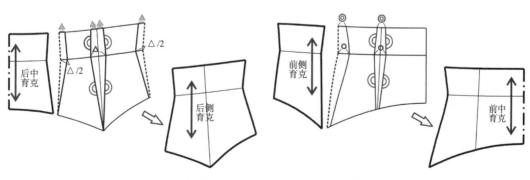

图 9-6-19 高腰花苞裙的高腰育克纸样

5. 裙外层面料纸样（图9-6-20）

① 将裙下部基础纸样的底边加长5cm作为向内翻折和膨出的面料余量，确定外层裙片底边。

② 按照褶线的位置设计纸样切展的辅助线，左右两边各7个褶裥。

③ 根据面料性能确定适当的褶皱切展量，上多下少，分割线剩余的省量平移合并入相邻的褶裥，确定前后裙片的外层面料纸样。裙片和育克缝合时可以将褶量作为自然均匀的缩褶，也可以作为一组同向定位褶，分割线对应的纸样轮廓线有所差别。

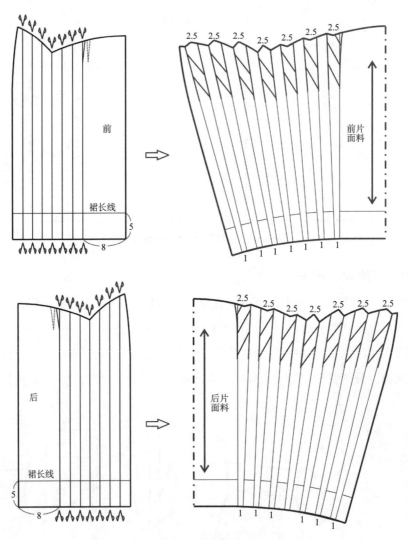

图 9-6-20　高腰花苞裙的裙身面料纸样

6. 裙里层纸样（图9-6-21）

① 将裙下部基础纸样的底边减短4~5cm作为内层裙里的底边，留出向内翻折长度的面料。

② 基础纸样的中腰线以上使用面料作腰里贴边，宽4cm，贴边部分的省道合并，修正后呈下弯的曲线形态。

③ 基础纸样中腰线以下的裙里使用里布，前后片都保留靠近中线的腰省，将原侧腰省合并，纸样切展使底边围度增加。缝制时先将面料底边均匀收褶，然后和里布底边缝合固定。

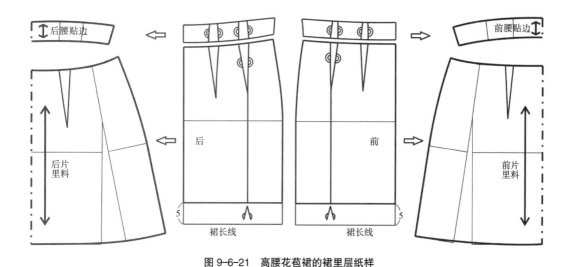

图 9-6-21　高腰花苞裙的裙里层纸样

第十章

连衣裙结构设计

连衣裙是指上衣和裙子相连的一件式裙装，属于传统意义上女性所特有的服装形式。连衣裙的造型多样，基本结构可以分为连腰型和分体型两种：连腰型连衣裙的上衣和裙子呈整体形态，上下相连为一体；分体型连衣裙在腰线附近拼接，上衣和裙子的形态可以完全不同。在两种基本结构连衣裙的纸样基础上，进行各部位分割、褶皱等变化，就可以获得不同造型和结构的连衣裙纸样。

第一节 | 连衣裙的造型分类

> **导学问题：**
> 1. 连衣裙穿着的不同用途与其造型有什么关系？
> 2. 连衣裙的上身和裙子的造型有什么结构关联？

连衣裙是指上衣和裙子相连的一件式服装，是传统意义上女性所特有的服装形式。直到第一次世界大战之前，西方女性在正式场合穿着的服装一直是连衣裙，至今连衣裙仍是女性礼服的基本形式。连衣裙的款式造型繁多，与结构设计相关的分类方式主要有以下几种：

一、按照连衣裙的用途分类

按照连衣裙穿着的场合和用途主要可以分为礼服连衣裙、常服连衣裙和运动连衣裙。

① 礼服连衣裙用于正式的礼仪性社交场合，造型以高度合体的长裙为主，多采用华丽的丝绸面料，注重细节装饰。

② 常服连衣裙是日常工作和生活中穿着的最常见的连衣裙类型，其造型风格多样，面料选择范围广泛。

③ 运动连衣裙用于具有一定专业性要求的运动项目，如网球裙等，通常有相对固定的造型，注重结构和材质所适用的活动功能性，常选择弹性大的针织类面料。

二、按照连衣裙的衣身廓形分类

按照连衣裙的衣身廓形可以分为H、X、A、V、O型等不同造型，如图10-1-1。同时可以观察发现，连衣裙衣身的廓形与领子、袖子的造型基本无关，因而进行连衣裙结构设计时通常只考虑衣身的廓形。

1. H型连衣裙

H型连衣裙也称为直身型连衣裙，外形简洁，不强调人体曲线，使女性的身材更显纤长，几乎适用于所有体型。H型连衣裙又可以分为较合体的细长S造型和较宽松的H造型：细长的S造型连衣裙更贴合人体，适当收腰形成较合体的侧面曲线廓形；宽松H型连衣裙的整体围度松量较大，形成自然垂落的流畅衣褶线条，穿着舒适随意。

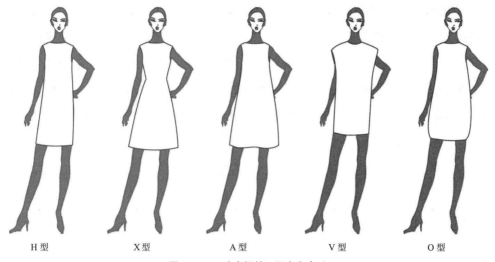

| H型 | X型 | A型 | V型 | O型 |

图10-1-1　连衣裙的不同衣身廓形

2. X型连衣裙

X型连衣裙的上身呈合体收腰形态，腰线以下扩展，凸显女性丰胸细腰的曲线美。X型连衣裙按照裙摆展开的幅度又可以分为小X造型和大X造型：小X造型更接近于合体收腰的人体自然形态，仅将下摆适当扩展；大X造型的上身胸腰部位合体，裙子内部需要加衬裙、裙撑等，用以支撑宽阔夸张的裙造型。

3. A型连衣裙

A型连衣裙呈现窄肩宽摆的造型特点，从胸部至底边均衡加大宽松量，具有自然优雅的设计风格，可以有效地遮饰腰腹部凸出的体型。

4. V型连衣裙

V型连衣裙也称为T型、倒梯形连衣裙，呈现上宽下窄的造型特点，肩部造型扩张设计时需要添加适当的衬垫材料，具有中性化、现代感的设计风格。

5. O型连衣裙

O型连衣裙也称为茧型连衣裙，呈现上下紧窄中部宽大的造型特点，整体廓形线条圆润流畅，与人体的自然形态差距大，需要使用较硬挺的面料或内部加里料衬垫，具有独特夸张的设计风格。

三、连衣裙上下身组合的方式分类

连衣裙的造型多样，按照衣身上部与下部的组合方式可以分为分体型连衣裙和连腰型连衣裙两种基本形态。这种分类方式在一定程度上直接确定了连衣裙的纸样基本结构，也是连衣裙结构设计中最常用的基本分类方式。

1. 分体型连衣裙结构

分体型连衣裙也称为上下拼接型连衣裙，在衣身中部腰围线附近有横向拼接的分割线，将衣身分为上、下两部分或上、中、下三部分，分割线上下的衣身造型和纸样形态可以完全不同。根据连衣裙横向分割线的位置，通常可以分为高腰拼接、中腰拼接、低腰拼接等不同的拼接形态，如图10-1-2。

高腰拼接　　　　　　中腰拼接　　　　　　腰带式拼接　　　　　低腰拼接

图10-1-2　分体型连衣裙的结构组合方式

2. 连腰型连衣裙结构

连腰型连衣裙也称为上下连体型连衣裙，上身和裙子的结构呈连续的整体形态，没有局部形态明显变化的横向拼接线，如图10-1-3。连腰型连衣裙可以呈现宽松的H、A、V、O型等廓形，也可以是收腰的X型廓形，收腰造型通常需要设计腰省或包含腰省量的纵向分割线，才可以形成自然均衡而符合人体曲面的形态。

图10-1-3　连腰型连衣裙的结构组合方式

项目练习：

1. 收集腰线拼接型连衣裙、连腰型连衣裙的设计实例图片各一组，分析其风格、造型细节和结构特点。

2. 收集连腰型连衣裙的设计实例图片一组，分析其风格、造型细节和结构特点。

第二节 | 连腰型连衣裙的基本结构设计

导学问题：

1. 连腰型连衣裙的结构设计与长款衬衫有什么区别？

2. 连腰型连衣裙的衣身廓形和分割结构有什么关联？

一、连腰型连衣裙的基本造型

连腰型连衣裙的基本造型为合体收腰形态，上身与裙相连为一体，整体线条简洁流畅。由于领口和袖窿的形态与领、袖的造型相关，基本造型暂时不涉及领口和袖窿的变化，制图时以原型形态为准。

本款连衣裙的上身造型合体，腰围宽松量略大于胸围宽松量，裙身廓形呈小A型，使臀围以下有足够的宽松量，裙长及膝。前身收袖窿省和腰省各2个，后身收腰省2个，后中线装隐形拉链，如图10-2-1。

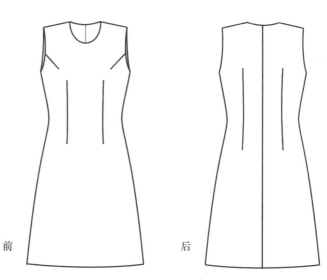

前　　　　　　　　后

图10-2-1　连腰型连衣裙的基本造型

二、成品规格

根据服装企业常用的中间体M码（160/84 A号型）为例，确定本款连衣裙制图使用的成品部位规格，参见表10-2-1。

表10-2-1　连腰型连衣裙的成品规格表（160/84A）　　　　单位：cm

	后中裙长L	胸围B	腰围W	臀围H
成品尺寸	88	92	76	96
计算方法	背长38+裙长50	净胸围84+8	净腰围66+10	净臀围90+6

三、连腰型连衣裙的基本结构制图

连腰型连衣裙的上身使用文化式女上装衣身原型作为纸样基础,下身参考半紧身裙的结构设计方法,具体制图步骤如下:

1. 上身原型的省道转移

① 将后肩省的1/2转移至袖窿作为松量,剩余1/2肩省量预留作为肩部吃缝量。

② 将前袖窿省3等分,上部1/3省量做为袖窿松量,下部2/3袖窿省预留作为省量。

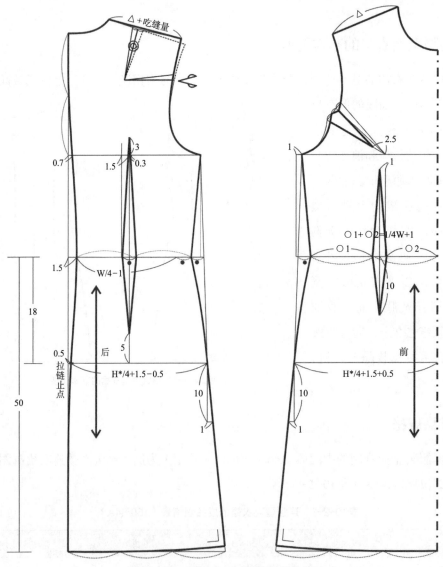

图 10-2-2　连腰型连衣裙的基本结构制图

2. 后片（图10-2-2）

① 后中线：胸围线收0.7cm，腰围线收1.2~1.5cm，臀围线收0.5cm，弧线画顺后中线，拉链开口至臀围线。

② 从后中线取后臀围宽23.5cm＝净臀围H*/4＋放松量1.5－前后差0.5，与胸围宽线连斜线。

③ 从臀围线垂直向下10cm，水平向外1~1.2cm，确定裙侧缝斜度。

④ 从后中线取腰围宽18cm＝成品腰围W/4－1，测量腰线余量并等分为●，将●作为侧缝收省量，绘制侧缝弧线。

⑤ 绘制裙底边弧线圆顺，与侧缝保持垂直。

⑥ 后腰省中线在原型省道基础上适当平移，接近腰线等分点，省量取●，绘制后腰省。

3. 前片（图10-2-2）

① 前胸围宽从原型侧缝减1cm，前臀围宽24.5cm＝净臀围H*/4＋放松量1.5＋前后差0.5，将臀围宽与胸围宽线连斜线。

② 从前臀围宽位置垂直向下10cm，水平向外1~1.2cm，确定裙侧缝斜度。

③ 腰侧缝收省量●与后片相同，前腰围宽20cm＝成品腰围W/4＋1，余量作为前腰省量，绘制后侧缝弧线。

④ 绘制裙底边弧线圆顺，与侧缝保持垂直。

⑤ 前腰省中线根据原型腰省位置适当平移，不超过腰线中点，上省尖点距离BP胸点2~4cm，绘制前腰省。

⑥ 将预留的2/3原型袖窿省量绘制为袖窿省，省尖点距离BP点2~3cm，省道两边长度相等，重新画顺袖窿下半段弧线。

四、连腰型连衣裙的主要结构变化

1. 放松量和省道

连腰型连衣裙采用柔软而略有弹性的面料制作时，可以设计为高度合体的造型，胸围、腰围、臀围等围度放松量可以比基本结构纸样更小，省道设计和基本结构纸样相似，才能与人体曲面形态保持均衡一致。同时考虑坐姿、下蹲和行走时必要的活动量，因而经常在下摆增加开衩、褶皱等功能性设计细节（参见本章第四节中"旗袍式连衣裙"纸样设计实例）。

宽松造型连腰型连衣裙的结构设计灵活，衣身和袖窿围度都较宽大。当秋冬季使用厚面料制作时，肩部和胸围的放松量不宜过大，使肩胸部位的衣身形态较平整合体，形成的衣褶主要分布于下半身，避免整体连衣裙过于臃肿，纸样形成上窄下宽的A型形态（参见第四节中"立领A型连衣裙"纸样设计实例）。

2.分割线

宽松造型连腰型连衣裙的侧缝基本呈直线形态，在前后片分割的基本结构纸样基础上，可以根据造型需要进行分割、拼接，形成多种形态的分割造型和结构变化，往往结合不同面料、色彩的拼接设计。

合体造型连腰型连衣裙的纵向分割线通常包含腰省量，因而分割线接近人体的凸点（BP点、肩胛骨凸点、臀凸点），同时下摆增加的放松量均衡的分配在每一条分割线两边，从腰围以下逐渐展开，才能形成自然舒展的弧线型裙摆。连腰连衣裙的部分纸样还可以在腰线进行局部分割，与分体型连衣裙的结构组合应用（参见第四节中"公主线七片大摆裙"纸样设计实例）。

第三节 | 分体型连衣裙的基本结构设计

导学问题:

1. 分体型连衣裙的上身纸样和裙子纸样有什么关联?

2. 分体型连衣裙的腰线拼接位置对结构设计有什么影响?

一、分体型连衣裙的基本造型

分体型连衣裙的基本造型可以视为合体收腰上衣与半身裙在腰线部位的拼接,上衣与半身裙的造型和结构关联不大。由于领口和袖窿的形态与领、袖的造型相关,基本造型暂时不涉及领口和袖窿的变化,制图时以原型形态为准。

本款连衣裙的上身造型合体,腰围与胸围的宽松量接近,前身收袖窿省和腰省,后身收腰省。裙身造型呈A型,臀围线以上较合体,前后片各收腰省2个,裙长至膝盖下部。上下身在腰线位置缝合拼接,后中线装隐形拉链,如图10-3-1。

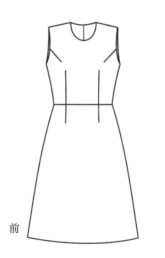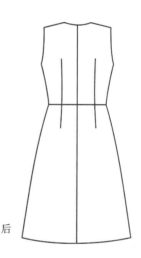

前　　　　　　　　　　后

图10-3-1　分体型连衣裙的基本造型

二、成品规格

根据服装企业常用的中间体M码(160/84 A号型)为例,确定本款连衣裙制图使用的成品部位规格,参见表10-3-1。

表10-3-1　分体型连衣裙的成品规格表(160/84A)　　　　　　　　单位:cm

	后中裙长(L)	胸围(B)	腰围(W)	臀围(H)
成品尺寸	95	92	74	98
计算方法	背长38+裙长57	净胸围84+松量8	净腰围66+松量8	净臀围90+松量8

三、分体型连衣裙的基本结构制图

分体型连衣裙的上身结构使用文化式女上装衣身原型作为纸样基础，下身使用半紧身裙的结构设计方法，具体制图步骤如下：

1. 上身原型的省道转移处理（图10-3-2）

① 后片将肩省的1/2转移至袖窿作为松量，剩余1/2肩省量预留作为肩部吃缝量。后侧腰省合并消除，向袖窿水平方向切展略增加松量。

② 前片腋下省合并消除，沿袖窿省道方向切展。将袖窿省的上部1/3作为袖窿松量，下部2/3保留作为省量。

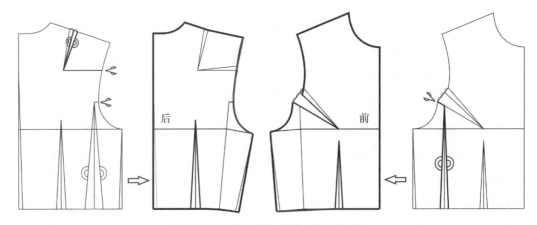

图10-3-2　分体型连衣裙的上身原型处理

2. 衣身结构（图10-3-3）

① 后中线：胸围线收0.3cm，腰围线收0.8cm，画顺后中线弧线。

② 后胸围在侧缝减0.5cm，在处理后的腰围弧线延长线上取 W（成品腰围）/4−1（前后差）+后腰省●（接近原型腰省量）≈ 19.7cm，绘制侧缝和腰线。

③ 后腰省高度与原型腰省一致，位置可以根据造型需要而适当向侧缝方向平移。

④ 前胸围在侧缝减1cm，在处理后的腰围线上取 W（成品腰围）/4 + 1（前后差）+ 前腰省○（接近原型前腰省量）≈ 21.2cm，绘制侧缝和腰线。

⑤ 前腰省位置可以根据造型需要而适当向侧缝方向平移，省尖点距离BP点2~4cm。

⑥ 将预留的2/3原型袖窿省量作为袖窿省，省尖点距离BP点2~3cm。

3. 裙结构（图10-3-3）

① 前臀围宽H（成品臀围）/4 + 1（前后差）= 25.5cm。沿臀围线向下10cm对应水平1.2~1.5cm作斜线并延长至底边水平线，确定侧缝斜度，绘制底边弧线与侧缝保持垂直。

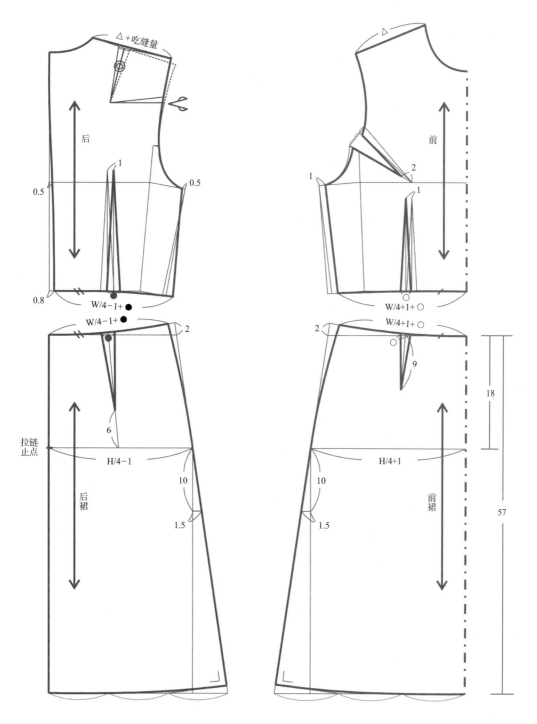

△+吃缝量

后

0.5   0.5

1

0.8

W/4−1+●

前

1   2

1

W/4+1+○

W/4−1+●   2

拉链
止点

后
裙

6

H/4−1

10

1.5

2   W/4+1+○

9

18

前
裙

H/4+1

10

1.5

57

图10-3-3　分体型连衣裙的基本结构制图

② 前腰线长 W（成品腰围）/4 + 1（前后差）+ 1.5（前腰省〇）= 21cm，在侧缝起翘1.5~2cm，绘制前侧缝和前腰线。

③ 前腰省位置与前衣片腰省对齐，省道中线与腰线垂直，省道长 9~10cm。

④ 后臀围宽 H（成品臀围）/4 − 1（前后差）= 23.5cm。侧缝斜线沿臀围线向下 10cm对应水平向里 1.2~1.5cm 并延长至腰水平线，确定底边弧度与侧缝保持垂直。

⑤ 后腰线长 W（成品腰围）/4 − 1（前后差）+ 2（后腰省●）= 19.5cm，在侧缝起翘1.5~2cm，绘制后侧缝和后腰线。

⑥ 后腰省位置与后衣片腰省对齐，省道中线与腰线基本保持垂直，省尖点距臀围线 5~6cm。

四、分体型连衣裙的主要结构变化

1. 中腰分割线的结构变化

当连衣裙的分割线位于人体腰围线时，上下身的结构设计几乎没有互相影响，只需要确保腰围有足够活动松量，上身和裙片的腰线在收省、褶后身长度相等。

中腰分割也可以变化为两条分割线的腰带式分割造型，在视觉上强调腰线的同时，腰带结构为方形直纱，可以使连衣裙腰部的受力形态更加稳定。水平腰带的宽度通常不超过 4cm，在人体腰线上下平均分配或者略向上移，同时在衣身和裙片纸样上剪去相应的分割长度（参见第四节中"公主线七片大摆裙"的后身分割结构变化，图10-4-9）。

2. 低腰分割线的结构变化

当连衣裙的分割线低于人体腰围线时，衣身参考连体型连衣裙的基础结构并确定低腰分割线位置。衣身纸样包含重新分割后的低腰部分，裙子减去低腰部分后进行半身裙的结构变化（参见第四节中"低腰褶裥连衣裙""小礼服连衣裙"的纸样设计实例）。

3. 高腰分割线的结构变化

当连衣裙的分割线高于人体腰围线时，在衣身基础纸样上确定高腰分割线位置，合体造型的裙子需要参考连体型连衣裙的基础结构确定，宽松造型裙身只需直接设计对应的裙廓形纸样。当高腰和低腰分割同时存在时，将中腰分割为单独的结构纸样，上下边分别和衣身、裙进行缝合拼接（参见第四节中"插肩袖高腰连衣裙"纸样设计实例）。

4. 腰省的结构变化

分体型连衣裙的上身和下身腰省设计并没有特定的关系，但裙腰省通常根据上身的造型而调整，使腰线上下的收省位置对位整齐。上身根据造型和面料特点而选择是否需要收腰省，也可以将腰省改为褶皱或包含在上身的分割线中。中腰和略低腰拼接的连衣裙常在裙子的腰部设计褶皱，使裙子的上部更加夸大舒展，也更容易凸显上身的合体曲面（参见第四节中"短连袖前开襟连衣裙"纸样设计实例）。

项目练习：

1. 收集分体型连衣裙的结构设计图一组，包括不同的腰围分割位置，关注上身和裙子的结构组合方式和造型特点。
2. 收集连腰型连衣裙的结构设计图一组，包括不同的廓形，关注不同部位的放松量和分割结构的特点。

第四节 ｜ 连衣裙的纸样设计实例

一、低腰褶裥连衣裙（视频10-1）

1. 款式特点

本款连衣裙上身为较合体的H型廓形，低腰分割，裙身为A型，简洁大方，具有少女感的学院风格。经典POLO领，半开门襟加纽扣3粒，合体短袖，低腰分割线加插袋2个，前身左右各收腋下省1个，前后裙片各收褶裥8个，侧缝加装隐形拉链，如图10-4-1。

前　　　　　　　　　　后

图10-4-1　低腰褶裥连衣裙的造型

2. 成品规格与用料

本款连衣裙适用于大多数中等厚度的夏季面料，如平纹细棉布、亚麻布等，柔软舒适。也可以采用针织面料，搭配针织成型翻领和袖口边，则具有明显的休闲运动风格。面料幅宽113cm或143cm，用料150cm。

以女装中码（160/84A号型）为例，确定本款连衣裙的成品部位规格，参见表10-4-1。

表10-4-1　低腰褶裥连衣裙的成品规格表（160/66A）　　　　　　　　单位：cm

	后中裙长	胸围（B）	腰围（W）	袖长	翻领宽
净体尺寸	背长38	84	66	/	/
成品规格	82	92	88	17	4

3. 基础结构制图（图10-4-2）

① 原型省道转移：将后肩省的1/2转移作为袖窿松量，剩余1/2肩省量作为肩线吃缝量。前袖窿省的1/2保留作为袖窿松量，剩余1/2袖窿省量暂时预留。

② 衣身基础结构：胸围宽略小于原型，参照连腰型连衣裙基本结构，侧缝略收腰。确定横向的低腰分割线，分割线的前、后腰宽度与胸围宽接近，前后相等。分割线以下做长方形的裙基本结构，根据造型确定纸样剪切辅助线的位置。

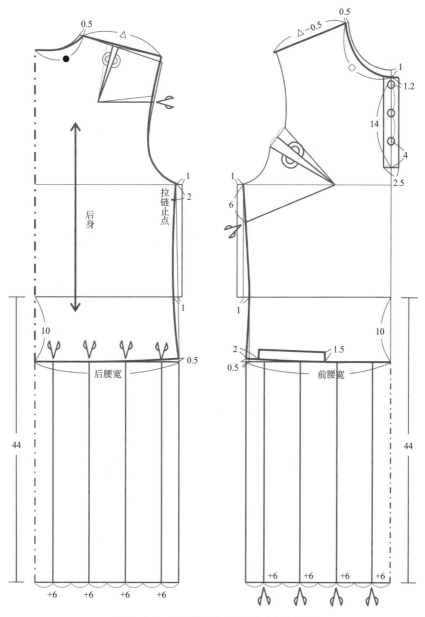

图 10-4-2 低腰褶裥连衣裙的衣身基本结构

4. 衣身结构制图（图10-4-2、图10-4-3）

① 后衣片：按照基础结构确定后身纸样，后中线连裁。肩宽可以根据原型肩宽适当调整，根据面料性能确定前后肩线的长度差。

② 前衣片：前身保留的1/2袖窿省转移至侧缝，确定前中的半开门襟造型，前中线连裁。

③ 门里襟：根据造型确定相应的门里襟纸样，制作时前身中线上部剪开与门里襟分别缝合。

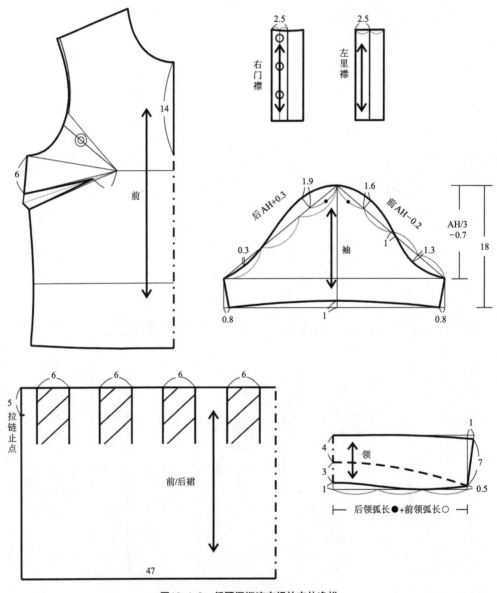

图10-4-3 低腰褶裥连衣裙的衣片净样

④ 裙片：由于裙片形态为方形，可以如图10-4-2进行纸样剪切，也可以直接计算褶裥量后直接确定裙片宽度如图10-4-3，每个褶量6cm绘制相应的褶裥位置，前后裙片纸样大小相等而共用。缝制时将褶裥整体熨烫定型，褶上部3~5cm可以缝合固定。

5. 衣领结构制图（图10-4-3）

采用连体翻领结构，柔软舒适，领止点缝合至门襟中线，前领角为经典的小方领造型。

6. 衣袖纸样（图10-4-3）

① 测量衣身的前、后袖窿弧长AH，根据较合体的袖山造型取袖山高 = 1/3 AH − 0.7cm。

② 绘制袖山弧线，袖山缩缝量约1.8cm。

③ 绘制袖底缝斜线略向内收，袖口弧线内凹与袖底缝保持垂直。

二、短连袖前开襟连衣裙（视频10-2）

视频10-2

1. 款式特点

本款连衣裙上身为合体收腰造型，腰线分割拼接，裙身为大摆伞裙，具有20世纪50年代优雅复古风格。两用小翻驳领，带袖口翻边的短连袖，前中线开门襟加纽扣12粒，前、后衣身都设有公主线分割，裙腰均匀收皱褶，常加以腰带作为装饰，如图10-4-4。

前　　　　　　后

图10-4-4　短连袖前开襟连衣裙的造型

2. 成品规格与用料

本款连衣裙适用于大多数中等厚度的夏季面料，如斜纹细棉布、泡泡纱、亚麻布等，当面料较硬挺时可以将膨出的皱褶改为单向定位褶，腰部缝线位置更加平整美观。使用面料幅宽143cm，用料200cm。

以女装中码（160/84A号型）为例，确定本款连衣裙的成品部位规格，参见表10-4-2。

表10-4-2　短连袖前开襟连衣裙的成品规格表（160/66A）　　　　单位：cm

	后中裙长	胸围（B）	腰围（W）	下摆围	翻领宽
净体尺寸	背长38	84	66	/	/
成品规格	100	90	71	250~280	4

3. 衣身和领结构制图（图10-4-5）

① 原型省道转移：将后肩省的1/2转移作为袖窿松量，剩余1/2肩省量预留。前袖窿省的1/3作为袖窿松量，剩余2/3袖窿省量预留，待确定分割线后进行省道转移。

② 后衣片：胸围宽在侧缝减小，根据造型确定腰围宽和公主线分割位置，将保留的1/2肩省量平移至分割线，从肩点延长呈连袖的弧线造型，确定袖口弧线，绘制后衣身纸样2片。

③ 前身基本结构（图10-4-5中右下角）：前中线加止口宽1.5cm，根据胸围和腰围松量确定侧缝位置，肩线适当抬高以增加活动松量。根据造型确定公主线分割位置，距离领宽点2cm确定驳头翻折线。

④ 前衣片：将保留的2/3原型袖窿省量转移至肩部分割线，延长肩线呈连袖弧线造型，确定前袖口弧线。根据造型绘制领口呈折线形态，确定前衣身纸样共2片。

⑤ 袖口翻边：首先在前后片分别绘制袖口翻边的造型，将前、后片靠近袖口部位的肩线叠合，适当修正袖口和翻边的弧线至圆顺。翻边为里外双层，下口和衣身袖口缝合。

⑥ 领：本款采用两用式小翻驳领，连在衣身前领口位置进行制图，更容易确保前领造型吻合。如图10-4-5，衣身纸样的肩线和领底弧线叠合0.5cm，延长后领弧长并取后领下翘量0.5cm，画顺领底弧线。后中线与领底弧线保持垂直，翻领宽＝底领宽＋1~1.5cm，前领角根据翻折后的衣身上角和领造型共同确定。

⑦ 衣身内折贴边：由于翻驳领造型需要露出领内侧翻折的面料，从肩线开始增加贴边更有利于领平整美观，绘制内折的贴边线，胸围线以下基本保持垂直。贴边可以和前衣身中线连裁，也可以裁剪为单独的贴边衣片。

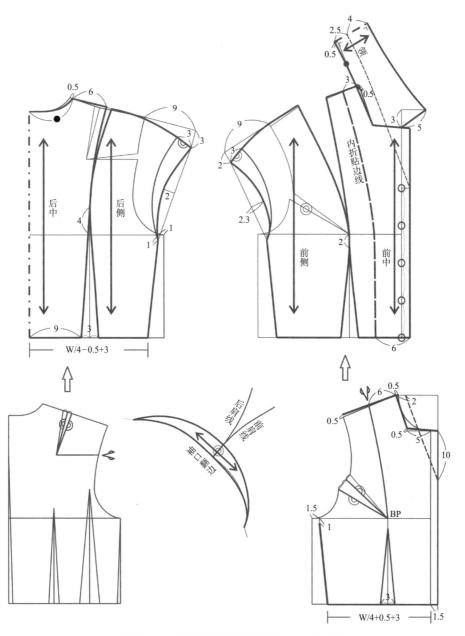

图 10-4-5　短连袖前开襟连衣裙的上身结构制图

4. 裙身结构制图（图10-4-6）

① 按照裙长绘制长方形，宽度为腰围基础上增加适当的褶量，通常取总褶量 = 腰围的2/3~1.5倍。

② 根据裙摆阔度确定等分比例，设计纸样切展辅助线，通常每条辅助线的切展量 ≤ 5cm。

③ 后裙片：将裙基本方形均匀切展，后中线连裁，注意底边弧线总宽度不超过布料幅宽。

④ 前裙片：纸样切展方法和后片相同，前中线增加门襟止口量和衣身相同，内折贴边的宽度与上身贴边相等。

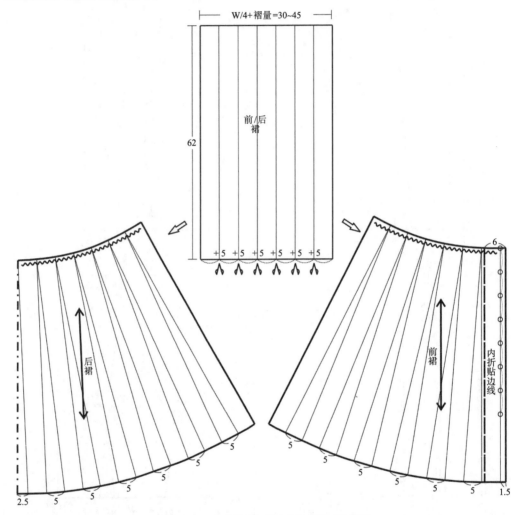

图 10-4-6　短连袖前开襟连衣裙的裙结构制图

三、公主线七片大摆裙（视频10-3）

1. 款式特点

本款为合体收腰的连腰式连衣裙，裙摆自然扩展，整体线条流畅优雅，富于女性的曲线美。桃形领口，窄肩无袖，前、后身各设曲线公主线分割，后中线装隐形拉链，如图10-4-7。

视频10-3

图10-4-7　公主线七片大摆裙的造型

2. 成品规格与用料

本款连衣裙适用于悬垂感较好、柔软致密的面料，如薄棉布、亚麻布、真丝缎、聚酯纤维等面料，秋冬季穿着时可以选用薄型毛料，相应的放松量需要适当增加。由于曲线分割线在缝合时容易变形，该款不适合使用稀疏容易变形的面料，同时尽量避免选择条格等大单位图案的面料。使用面料幅宽143cm，用料200cm。

以女装中码（160/84 A号型）为例，确定本款连衣裙的成品部位规格，参见表10-4-3。

表10-4-3　公主线七片大摆裙成品规格表（160/66A）　　　　　　单位：cm

	后中裙长	胸围（B）	腰围（W）	臀围（H）	下摆围
净体尺寸	背长38	84	66	90	/
成品规格	105	90	72	96	≈180

3. 结构制图（图10-4-8）

① 前、后胸围宽比原型都减小1.5cm，前片在侧缝减去，后片在中线和分割线位置减去。

② 前横开领小于后横开领0.5~0.8cm，使前领口更贴身不易浮起。

③ 前、后袖窿比原型抬高，腰线提高1.5cm，腰围宽按照成品腰围直接计算。

④ 将后腰围宽度等分确定后片公主线分割位置，裙摆向分割线两边均匀扩展，与侧缝斜度基本相等，后中线扩展量略减小，使裙后中部自然平整不会明显翘起，后身裁剪时共分4片。

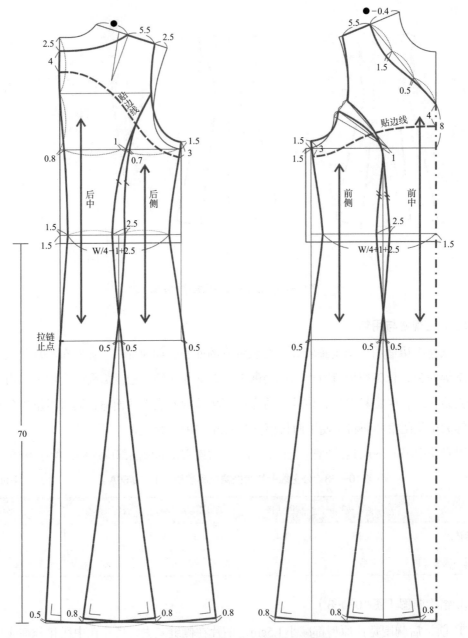

图 10-4-8　公主线七片大摆裙的结构制图

⑤ 从BP点略向侧缝方向偏移确定前片公主线分割位置，分割线包含2/3原型袖窿省量，剩余1/3袖窿省量作为袖窿松量，裙摆向分割线两边均匀扩展，与后侧缝斜度基本相等，前身裁剪时共分为3片。

⑥ 所有裙片的底边弧线曲率均匀一致，两边适当起翘，与纵向分割线保持垂直，实际起翘量可以根据面料性能而微调。

⑦ 无领无袖的连衣裙需要在内部加装面料贴边，如图10-4-8虚线所示，后贴边连裁，前贴边纸样需要将分割线包含的省道拼合成为整片形态。

4. 后身分割造型和纸样变化

在图10-4-7连腰形态的公主线连衣裙结构基础上，前身造型不变，后片进行纸样的分割和拼接变化，可以获得腰带单独分割的连衣裙后身结构，将下身的后裙片裁剪为左右两片，侧缝装拉链，其纸样变化方法如图10-4-9。

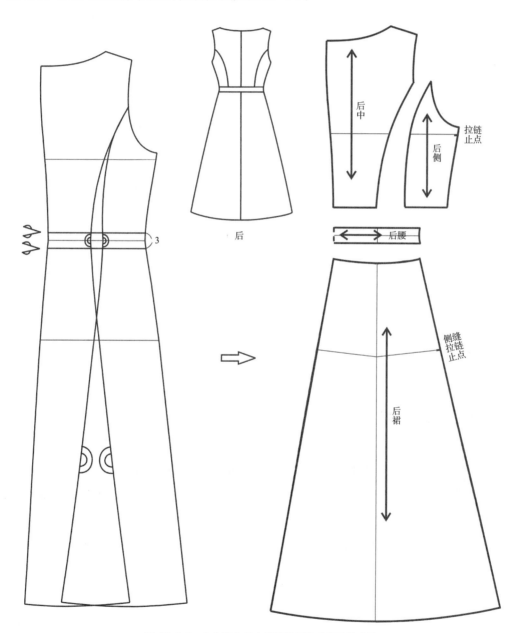

图10-4-9　公主线七片大摆裙的后身分割结构变化

四、立领A型连衣裙（视频10-4）

1. 款式特点

本款连衣裙为宽松的A型廓形，可以用于日常生活、旅游、休闲娱乐等场合，适合各种不同年龄和体型的女性，实用性强，穿着舒适方便。宽松的翻立领，合体九分袖，衣身下部设横向分割线和插袋，分割线以上为三片构成的衣身结构，前中与分割线以下的侧面合并为一体，后中线装隐形拉链，参见图10-4-10。

前　　　　　　　　后

图10-4-10　立领A型连衣裙的造型

2. 成品规格与用料

本款连衣裙可以适用于不同季节：秋冬装采用悬垂性较好、手感柔软的面料，如薄型毛料、针织呢、丝绒等面料，简洁大方的款式更加凸显面料的精良品质；夏装采用细棉布、丝绵、亚麻、雪纺等面料，领和袖子的造型可以适当调整。面料幅宽143cm，用料150cm。

以女装中码（160/84A号型）为例，确定本款连衣裙的成品部位规格，参见表10-4-4。

表10-4-4　立领A型连衣裙成品规格表（160/66A）　　　　　　　　　　单位：cm

	后中裙长	胸围（B）	下摆围	袖长	袖口大	领宽
净体尺寸	背长38	84	/	全臂长52	/	/
成品规格	88	98	120	50	22	6

3. 原型准备（图10-4-11）

① 将后袖窿中部折叠0.5~0.7cm，使后袖窿深适当减小，避免后背的中上部形成褶皱。

② 后肩省的1/2转移作为袖窿松量，1/2肩省量转移至腰线，确定新的肩线和袖窿弧线。

③ 前袖窿省的1/3保留作为袖窿松量，剩余2/3袖窿省量沿胸围线剪开暂时转移至侧缝，重新确定袖窿弧线位置。

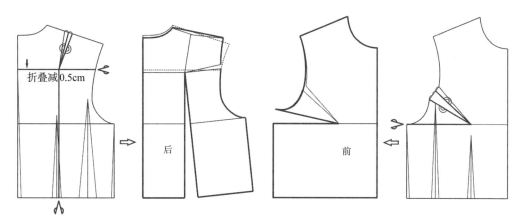

图10-4-11　立领A型连衣裙的原型准备

4. 衣身基本结构（图10-4-12）

① 后身基本结构：横开领和直开领加大，配合较宽松的翻立领。将下摆围前后等分确定底边宽度，不同面料的下摆围和底边起翘量可以适当调整。按照造型确定横向分割线位置，侧面的纵向分割线与侧缝平行。

② 前身基本结构：前肩线长度略小于后肩线长度，底边宽与袖窿省转移后的原型胸围宽相连为侧缝位置，取前后侧缝长度相等确定袖窿深位置。按照造型确定横向和纵向分割线。

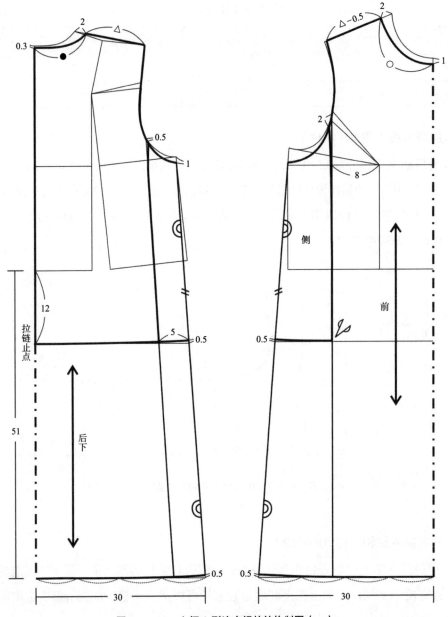

图 10-4-12　立领 A 型连衣裙的结构制图（一）

5. 衣片结构纸样（图 10-4-12、图 10-4-13）

① 将后身的横向和纵向分割线都剪开，确定后上片和后下片纸样，后中线上部加拉链，裙中线连裁。

② 将横向分割线以上的前侧分割线剪开，拼合前、后侧面小片的纸样，两侧略收腰，以拼合线方向作为经纱方向，确定衣身侧片纸样。

③ 将后片下部分割的侧面小片与前侧缝拼合，沿前身纵向分割线进行纸样切展，使横向分割线下的侧缝转至垂直方向，确定插袋和省道开口位置，绘制与裙侧下部相连的衣身前片纸样。

6. 领结构纸样（图10-4-13）

翻领宽度略大于底领，绘制宽松型衣领纸样呈长方形，前中线连载。采用柔软的面料时，立领自然垂落形成堆积褶皱；采用略有挺度的面料时，更适合外翻形成双层的翻立领。

7. 袖结构纸样（图10-4-13）

根据较合体的袖山造型取袖山高 = AH/3 − 0.5cm，绘制袖山弧线，袖山缩缝量约2cm。袖身绘制合体的一片袖基础结构，后部接近肘点的位置设计分割线，袖口包含省量4cm，使袖子纸样分为前、后两片。

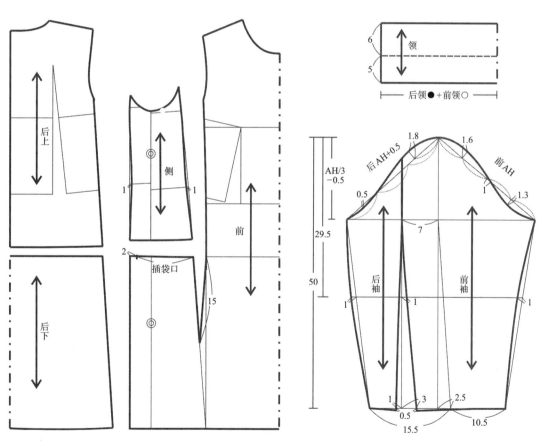

图10-4-13 立领A型连衣裙的结构制图（二）

五、插肩袖高腰连衣裙（视频10-5）

视频10-5

1. 款式特点

本款连衣裙为腰部有分割线的拼接式结构，上身较合体，前、后身各设高腰弧形分割线和中腰分割线2条，裙长前短后长至小腿下部，整体呈小X型廓形，线条流畅飘逸。低圆领，插肩式短袖，前领口和袖口加入自然缩褶，褶皱位置采用橡筋或抽绳固定，后领口收定位褶使领型不容易变形。裙身为斜裙造型，前后腰省各2个，侧缝加装隐形拉链，如图10-4-14。

前　　　　　　　　　　后

图10-4-14　插肩袖高腰连衣裙的造型

2. 成品规格与用料

本款连衣裙适用于悬垂感较好、柔软轻薄的面料，如薄棉布、真丝绸、棉绸、雪纺等，根据不同面料的性能可以适当调整领口褶量，也可以增加裙身的腰部褶皱和下摆围度。使用面料幅宽143cm，用料170cm。

以女装中码（160/84A号型）为例，确定本款连衣裙的成品部位规格，参见表10-4-5。

表10-4-5　插肩袖高腰连衣裙成品规格表（160/66A）　　单位：cm

	后裙长（L）	胸围（B）	腰围（W）	臀围（H）	袖长
净体尺寸	背长38	84	66	88	/
成品规格	125	94	72	98	11

3. 原型准备（图10-4-15）

① 将后肩省转移至后领中部，重新画顺肩线。后侧腰省合并消除，重新绘制后腰线和侧缝。

② 将前袖窿省转移至前领弧线中部，确定新的肩线和袖窿弧线。前侧腰省合并消除，重新绘制前腰线和侧缝。

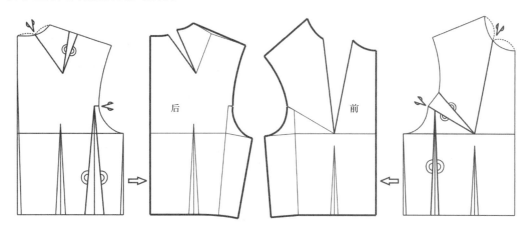

图 10-4-15　插肩袖高腰连衣裙的原型准备

4. 结构制图

① 前身基础结构：前胸围宽减1cm，腰围宽度按照成品腰围计算，包含原型前腰省量○。先确定侧缝基础线，按照造型绘制领口和腰分割线位置，如图10-4-16。

② 前插肩结构：将省道转移后的原型肩线延长，袖宽线和袖口线与肩线延长线保持垂直。绘制衣身与袖的分割线，在原型胸宽以上的分割线重合，胸宽以下的分割线长度相等。

③ 后身基础结构：按照转移后的原型侧缝确定侧缝线，计算后腰省量●＝后腰围宽度－W（成品腰围）/4－1，按照造型绘制领口和腰分割线。

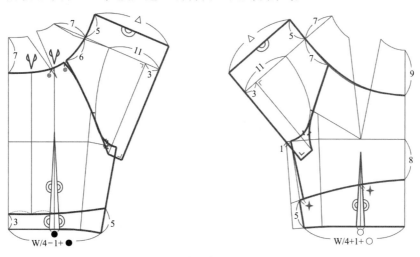

图 10-4-16　插肩袖高腰连衣裙的衣身基础结构

④ 后插肩结构：将原型肩线延长，袖宽线和袖口线与肩线延长线保持垂直。绘制衣身与袖的分割线，在接近背宽的部位重合，在领口减去剩余领省量，背宽以下的分割线长度相等。

⑤ 后片纸样剪切：将原型剩余的腰省合并转移至领口，从腰省中线到后中线等分做垂线作为纸样剪切线，在领口切展增加适当的松量，使纸样切展的总量=后领褶裥量，如图10-4-17。

⑥ 后腰：后身分割线以下的部分将剩余的原型腰省合并，画顺后腰纸样轮廓线。

⑦ 前片：高腰分割线以上将剩余的腰省量在侧缝减去，前中线适当增加领口松量，确定前领褶量；绘制前片纸样轮廓线，如图10-4-16、图10-4-17。

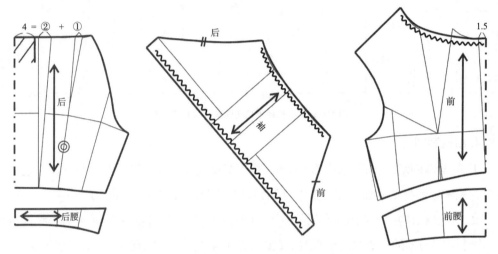

图10-4-17　插肩袖高腰连衣裙的衣身和袖结构纸样

⑧ 前腰：前身分割线以下的部分将剩余的原型腰省合并，画顺前腰纸样轮廓线。

⑨ 插肩袖片：将前、后插肩结构的袖中线各增加适当褶量，拼合后确定插肩袖纸样轮廓线。

⑩ 裙：如图10-4-18，注意腰围收省后与衣身的腰线长度相等。底边弧线前短后长，整体连接圆顺。按照面料的不同性能可以适当调整下摆围度和侧缝线斜度，将腰省延长至底边并剪开，腰省合并后纸样底边自然均匀地增加下摆量。

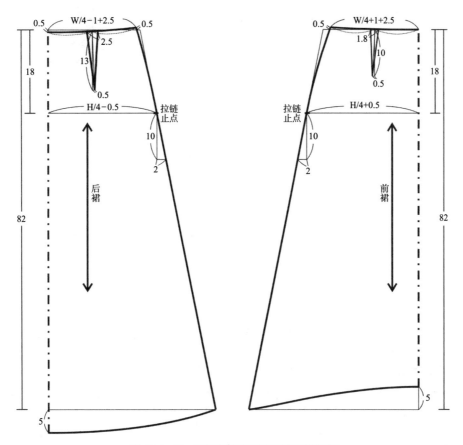

图 10-4-18　插肩袖高腰连衣裙的裙结构制图

六、旗袍式连衣裙

1. 款式特点

本款连衣裙为旗袍变化款式，合体露肩设计，可以作为现代中式风格的小礼服。高立领，中式偏门襟造型加盘扣装饰（日常穿着时不需要打开），窄肩无袖，前身设腰省、腋下省各2个，后身设腰省2个，后中线装隐形拉链，如图10-4-19。

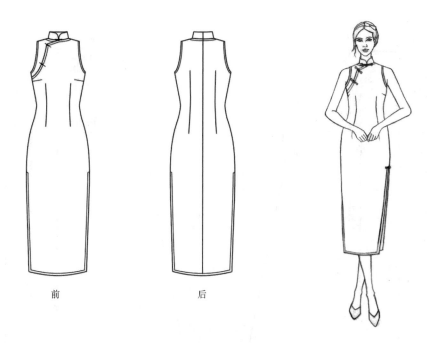

前　　　　　　　　　　后

图10-4-19　旗袍式连衣裙的造型

2. 成品规格与用料

本款连衣裙适用于中等厚度的面料，如棉布、真丝缎、丝绒等，领口边、门襟和开衩底边常用配色面料做滚边装饰。使用面料幅宽113cm时用料150cm，幅宽143cm时用料130cm。

以女装中码（160/84 A 号型）为例，确定本款连衣裙的成品部位规格，参见表10-4-6。

表10-4-6　旗袍式连衣裙规格表（160/66A）单位：cm

	裙长	胸围（B）	腰围（W）	臀围（H）	立领宽
净体尺寸	背长38	84	66	90	/
成品规格	118	88	70	94	4

3. 结构制图（图10-4-20）

① 原型处理：将1/2后肩省转移作为袖窿松量，确定新的肩线位置。前袖窿省的1/3作为袖窿松量，剩余2/3袖窿省暂时保留。

② 前片基本结构：前胸围宽度在侧缝减小2cm，根据成品规格确定腰围宽、臀围宽，绘制侧缝弧线圆顺。无袖款的袖窿深适当抬高，窄肩对应的袖窿弧线在胸宽位置略小于原型胸宽，原型剩余的2/3袖窿省两边长度尽量接近。

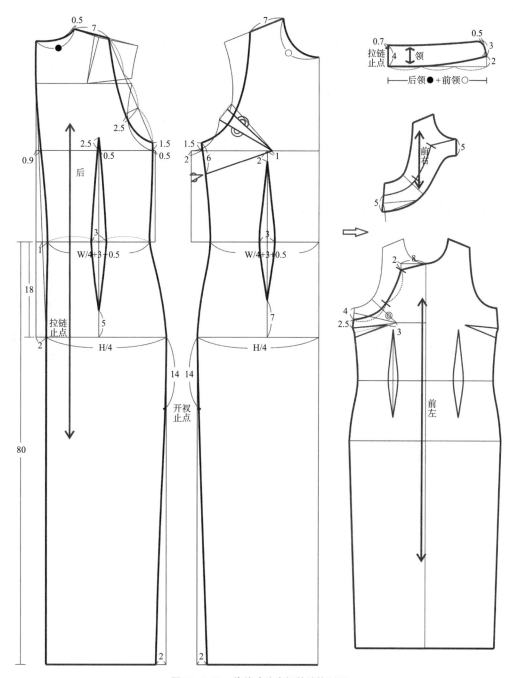

图 10-4-20　旗袍式连衣裙的结构制图

③ 后片：先绘制后中线为内收弧线，从后中线量取腰围、臀围宽根据成品规格确定，使前后侧缝的弧度近似。后横开领适当增大，使领穿着更服贴。后袖窿弧线在背宽位置与原型背宽尺寸接近。

④ 前左片：将原型剩余的2/3袖窿省转移至侧缝，修正袖窿弧线。根据造型绘制门襟分割线，下部与袖窿弧线基本平行，装饰性盘扣的位置设计较为自由，确定前左片纸样。

⑤ 前右片：根据门襟分割线增加里襟交叠量4~6cm，侧缝不需收省。本纸样采用直接交叠的门里襟形式，平整轻薄，更适合作为装饰性门襟设计。采用有图案的面料时，也可以将左、右两片直接从门襟分割线剪开，另行加装内层贴边，保持前身图案完整。

⑥ 领：较合体的中式立领，领高度适中，盘扣3粒，第一粒盘扣位于前领下口端点位置。

七、小礼服连衣裙（视频10-6）

1. 款式特点

本款连衣裙为合体的低腰分割结构，肩、背部位露出较多，适合作为较正式的小礼服，也可以搭配短外套日常穿着。抹胸式低领，褶皱肩带，前身设腰省、侧缝省各2个，后身设计分割线2条；裙身为花苞裙造型，前后腰线各收褶裥4个，侧缝装隐形拉链，如图10-4-21。

视频10-6

前　　　　　　　　　　后

图10-4-21　小礼服连衣裙的造型

2. 成品规格与用料

本款连衣裙适用于质地细密、光泽柔和、保型性较好的高档面料，如真丝织锦缎、丝绒等；肩带可以采用较柔软的面料进行拼接，整体设计简洁精致。使用衣身面料幅宽143cm，用料90cm；肩带面料幅宽113或143cm，用料30cm。

以女装中码（160/84 A号型）为例，确定本款连衣裙的成品部位规格，参见表10-4-7。

表10-4-7　小礼服连衣裙成品规格表（160/66A）　　　　　　　　　单位：cm

	裙长	胸围（B）	腰围（W）	下摆围
净体尺寸	背长38	84	66	臀围90
成品规格	82	88	70	88

3. 基础结构制图（图10-4-22）

① 后衣身：在原型基础上先确定臀围水平线，根据净胸围、净腰围计算胸围宽和腰围宽，包含造型相应的放松量和收省量；根据下摆围确定后臀围宽略小于净臀围，确定侧缝。按照造型确定衣身上边线和低腰分割线，以原型的腰省中线绘制后腰省，确定后身基本结构。

② 前衣身：在原型基础上取净胸围加放松量，收腰1.5cm确定前腰围宽；根据下摆围确定前臀围宽，绘制侧缝弧线。根据造型确定衣身上边造型线和低腰分割线，注意袖窿省两边长度相等。以BP点垂线作为省道中线，实测腰围宽后计算得到前腰省量○，绘制前腰省，确定前身基本结构。

③ 肩带：根据造型确定前、后肩带位置，后肩线略抬高更符合人体肩斜度。前后肩线拼合确定肩带的基本结构，参见图10-4-23中的肩带里纸样。

④ 裙基本形：从后肩带的实际肩领点向下取裙长，确定底边位置，臀围线以下为长方形结构，根据褶裥位置确定纸样的切展辅助线。

4. 衣片结构纸样（图10-4-23）

① 后身：按照后身基础结构的省道位置分割，确定后身纸样共2片，后中线连裁。

② 前身：按照造型确定侧缝的省道剪切辅助线，将1/2原型袖窿省转移为侧缝省。另1/2原型袖窿省沿BP垂线转移至腰围，确定前片纸样，前中线连裁。

③ 裙片：根据褶裥位置切展裙基本形纸样，前片褶裥量略大于后片褶量，收褶后的裙腰线与衣身分割线长度相等，确定前、后裙片的纸样。

④ 肩带里：前后肩带基本结构的肩线拼合，修正弧线画顺，确定肩带里的纸样，以内侧边方向尽量接近经纱方向。

⑤ 肩带面：将前、后肩带的下端分别切展，增加适当的褶皱量（根据面料性能而确定），肩线拼接后使接近颈部的内侧肩带边基本为直线，外侧弧线画顺，确定肩带面料的纸样。

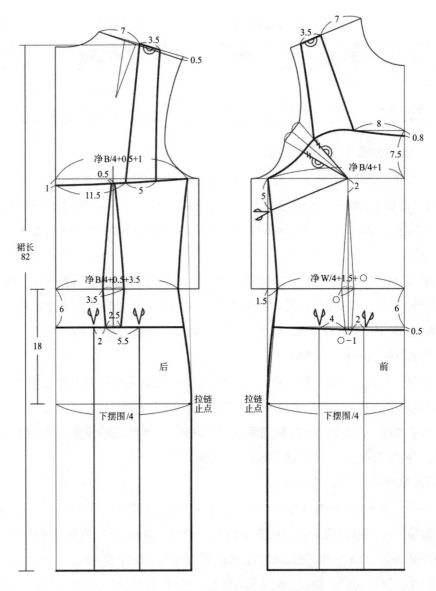

净B/4+0.5+1

0.5

净B/4+1

7

3.5

0.5

8

0.8

7.5

3.5

7

1

0.5

11.5

5

5

2

净B/4+0.5+3.5

净W/4+1.5+○

3.5

6

2.5

1.5

4

2

6

0.5

2

5.5

○−1

裙长
82

18

后

前

拉链
止点

拉链
止点

下摆围/4

下摆围/4

图10-4-22　小礼服连衣裙的基础结构制图

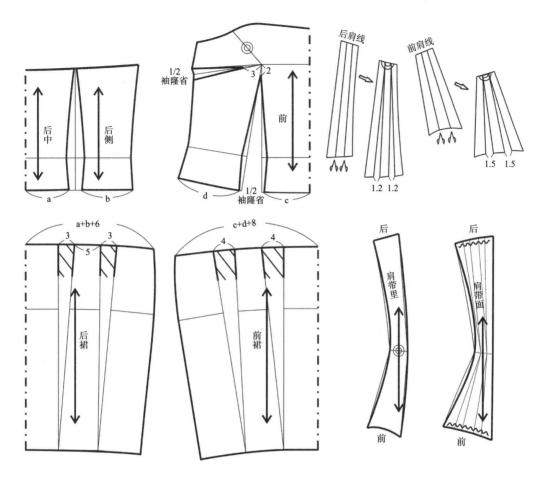

图10-4-23　低腰小礼服连衣裙的衣片结构纸样

参考文献

［1］ 张文斌 . 服装结构设计［M］. 北京：中国纺织出版社 . 2017

［2］ 陈明艳 . 女装结构设计与纸样［M］. 上海：东华大学出版社 . 2013

［3］ 张文斌 . 成衣工艺学［M］. 北京：中国纺织出版社（第三版）. 2008

［4］ 刘瑞璞 . 女装纸样设计原理与应用［M］. 北京：中国纺织出版社 . 2017

［5］ 刘瑞璞 . 女装纸样设计原理与应用训练教程［M］. 北京：中国纺织出版社 . 2017

［6］ 王传铭 . 英汉服装服饰词汇［M］. 北京：中国纺织出版社 . 2007

［7］ 戴鸿 . 服装号型标准及其应用［M］. 北京：中国纺织出版社 . 2009

［8］ 三吉满智子 . 服装造型学－理论篇［M］. 北京：中国纺织出版社 . 2008

［9］ 中屋典子，三吉满智子 . 服装造型学－技术篇 I［M］. 北京：中国纺织出版社 . 2008

［10］ 帕特·帕瑞斯，杨子田 . 欧洲服装纸样设计：立体造型·样板技术［M］. 北京：中国纺织出版社 . 2015

［11］ 孙兆全 . 经典女装纸样设计与应用［M］. 北京：中国纺织出版社 . 2015

［12］ 章永红，郭阳红等 . 女装结构设计第二版（上）［M］. 杭州：浙江大学出版社 . 2012

［13］ 阎玉秀，章永红等 . 女装结构设计第二版（下）［M］. 杭州：浙江大学出版社 . 2012

［14］ 刘咏梅 . 服装结构平面解析（基础篇）［M］. 上海：东华大学出版社 . 2010

［15］ 张向辉，于晓坤 . 女装结构设计（上）［M］. 上海：东华大学出版社 . 2009

［16］ 土屋郁子 . 女装结构版型修正［M］. 上海：上海科学技术出版社 . 2012

［17］ 中泽愈，袁观洛 . 人体与服装［M］. 北京：中国纺织出版社 . 2000

［18］ 吴经熊，吴颖 . 最新时装配领技术（第二版）［M］. 上海：上海科学技术出版社 . 2001

［19］ 吴厚林 . 中式袖结构设计研究［J］. 纺织学报 . 2007（4）：91-94

［20］ 王璇 . 服装放松量的分析研究［J］. 纺织学报 . 2005（4）：126-128

［21］ 王花娥 . 基于MTM的女性形体细分及类别原型研究［D］. 东华大学 . 2004